国家自然科学基金面上项目（51974178）
安徽省高校优秀科研创新团队项目（2022AH010051）
国家自然科学基金青年项目（52104178）
安徽省质量工程项目"矿山热动力灾害防治教学团队"（2021jxtd085）

U0323847

煤自燃逐步自活化反应理论

陆 伟

李金亮 李金虎 著

MEIZIRAN ZHUBU ZIHUOHUA FANYING LILUN

中国矿业大学出版社

·徐州·

内 容 提 要

本书主要内容包括煤自燃过程物理吸附氧的研究、煤自燃过程绝热氧化模拟、煤自燃特性程序升温与参比氧化研究、煤自燃过程宏观特性与微观结构变化、煤自燃逐步自活化反应机理、基于低温氧化活化能的煤自燃倾向性鉴定等。全书内容丰富、层次清晰、图文并茂、论述得当,理论性和实践性强。

本书可供安全工程及相关专业的科研与工程技术人员参考。

图书在版编目(CIP)数据

煤自燃逐步自活化反应理论 / 陆伟,李金亮,李金
虎著. — 徐州:中国矿业大学出版社,2022.12
ISBN 978‐7‐5646‐5556‐3

Ⅰ.①煤… Ⅱ.①陆… ②李… ③李… Ⅲ.①煤炭自
燃‐活化‐研究 Ⅳ.①TD75

中国版本图书馆 CIP 数据核字(2022)第 173754 号

书　　名	煤自燃逐步自活化反应理论
著　　者	陆　伟　李金亮　李金虎
责任编辑	王美柱
出版发行	中国矿业大学出版社有限责任公司
	(江苏省徐州市解放南路　邮编 221008)
营销热线	(0516)83884103　83885105
出版服务	(0516)83995789　83884920
网　　址	http://www.cumtp.com　E‐mail:cumtpvip@cumtp.com
印　　刷	江苏淮阴新华印务有限公司
开　　本	787 mm×1092 mm　1/16　印张 7　字数 179 千字
版次印次	2022 年 12 月第 1 版　2022 年 12 月第 1 次印刷
定　　价	45.00 元

(图书出现印装质量问题,本社负责调换)

前　言

本书从煤自燃过程第一步的煤物理吸附氧开始进行实验研究,考察了物理吸附与化学吸附在煤自燃过程中的作用和意义;采用小煤样综合绝热氧化法对五种具有代表性的煤样进行煤自燃过程模拟,获得了在理想状态下的升温曲线;进行了煤自燃过程中的宏观特性和微观结构变化实验和理论研究;在对煤自燃过程宏观特性与微观结构变化等方面深入研究的基础上进行了理论总结,提出了煤自燃逐步自活化反应理论,并在该理论指导下,提出了基于绝热氧化过程的煤低温氧化活化能作为鉴定指标对煤自燃倾向性进行鉴定的方法。

本书共分为 8 章。第 1 章为绪论部分,介绍了当前的国内外研究现状,指出现阶段煤自燃机理研究存在的难点,并提出了本书的研究重点和实验方案。第 2 章,主要对煤自燃过程中的吸附过程进行研究,提出了一种新的煤低温氧化过程耗氧量的测试方法。第 3、4 章,研制了基于绝热氧化的煤自燃过程模拟实验装置,成功实现了在小煤样情况下煤自然发火过程的模拟,并进行了煤自燃特性程序升温与参比氧化研究。第 5、6 章,进行了煤低温氧化过程中官能团的红外光谱分析,发现煤中主体芳环连接的活性结构数量随氧化进行不断减少,羧基、芳香酮、醛类羧基等含氧基团数量不断增加;提出了煤自燃逐步自活化反应理论,煤自燃过程是不同官能团依次分步渐进活化而与氧发生反应的自加速升温过程。第 7 章,针对我国现行煤自燃倾向性鉴定方法的不足之处,提出了基于绝热氧化过程的煤低温氧化活化能作为指标的煤自燃倾向性鉴定方法。第 8 章对全书进行了总结和研究展望。

许多从事煤自燃领域的专家对本书的撰写给予了大力支持,尤其要感谢中国矿业大学王德明教授对本书研究内容的指导以及仲晓星教授在实验环节提供的帮助。另外,对北皂煤矿、柴里煤矿、李一煤矿、潘一煤矿、百善煤矿等煤样提供单位表示衷心的感谢。

本书的出版得到了国家自然科学基金面上项目(51974178)、安徽省高校优秀科研创新团队项目(2022AH010051)、国家自然科学基金青年项目(52104178)和安徽省质量工程项目"矿山热动力灾害防治教学团队"(2021jxtd085)的资助,在此一并表示感谢。

著　者

2022 年 8 月于安徽理工大学

目　　录

第 1 章 绪 论

1.1 概 述

1.1.1 我国煤自然发火形势严重

我国的能源资源禀赋决定煤炭是我国的主体能源,2021 年煤炭消费占一次能源消费总量的比例为 56.0%。随着新能源和可再生能源、水电和核电的发展和推广,煤炭在一次能源中的消费比例将会有所下降,但煤炭仍将是我国的主要能源[1-2]。

与此同时,由于我国煤层构造极度复杂,采煤方法各异,煤的回采率不高,矿井内部和外部漏风比较严重,我国煤矿煤层自燃情况异常严重。煤自燃是指由于煤低温氧化产生热量,并且由于热量在适宜环境下积累导致煤体温度不断上升而引起煤自发燃烧起来的过程和现象[3]。在我国国有重点煤矿中,存在较严重煤自燃的矿井占矿井总数的 56%,由煤自燃而引起的火灾占矿井火灾总数的 90%~94%[1]。我国新疆、内蒙古、宁夏等省(区)还存在大面积的煤田火灾,每年烧损煤量达数千万吨,经济损失总量超过 200 亿人民币[4-5]。煤炭自燃产生大量的 SO_2、H_2S、CO 和 CO_2 等气体对环境造成极大的危害,严重时还能造成大量人员伤亡。煤在运输和储存过程中也会经常发生煤自燃现象[6-7]。另外,煤自燃还会引起瓦斯爆炸,近年来我国发生的多起瓦斯爆炸灾害中,就有相当一部分是由于煤自燃形成火源点而引起的[8-10]。

1.1.2 煤自燃过程与机理研究的重要性

对煤自燃的研究已经有近百年的历史,随着科学技术的发展,人们对煤自燃的认识也越来越深入。煤为什么会自燃,其动力因素和微观反应机理是什么? 这一直是煤炭自燃研究者所关心的问题。从 1862 年德国的戈朗布曼(Grumbmann)发表关于煤自燃的文章到现在已有 100 多年,在此期间研究人员发表了许多研究成果,先后提出许多学说或假说。但是,由于煤炭的物理化学结构及自燃过程极为复杂,受诸多因素影响,迄今还没有一种能够完善解释煤炭自燃的学说,该问题已成为煤自燃防治研究的一大难题。尽管如此,由于各国科技工作者的努力,有些学说或假说在一定程度上或在一定时期内被承认和接受。这些学说和假说,概括起来主要有下列几种:① 煤自燃细菌导因说;② 煤自燃黄铁矿导因说;③ 煤自燃酚基导因说;④ 煤氧复合导因说[3];⑤ 自由基作用学说[11];等等。煤自燃细菌导因说主要认为煤炭自燃是细菌的作用。煤自燃黄铁矿导因说把煤的自燃主要归因于黄铁矿的作用。煤自燃酚基导因说是苏联学者特龙诺夫(Б.В.Тронов)在 1940 年提出的。他认为,煤的自热是煤体内不饱和的酚基强烈地吸附空气中的氧,同时放出一定的热量所导致的。

1996年中国矿业大学李增华教授提出自由基作用学说。他研究认为,煤是一种有机大分子物质,在外力(如地应力、采煤机的切割等)作用下煤体破碎,产生大量裂隙,必然导致煤分子链的断裂。分子链断裂的本质就是链中共价键的断裂,从而产生大量自由基。自由基可存在于煤颗粒表面,也可存在于煤内部新生裂纹表面,为煤低温氧化创造了条件,引发了煤的自燃[11]。

煤氧复合导因说是至今仍然被大多数学者所承认的学说,因为在实验及实践中都得到不同程度的证实。比如利用热重等分析方法对煤炭进行加速氧化时发现煤氧化初期煤的质量增加,这只能从其与氧复合这一角度来进行解释。尽管不同学者对它有不同解释,但是都把煤自燃的原因归于煤有吸氧并与氧进行反应的能力和与此相对应的放热作用。

我们知道煤自燃有两个主体,一是煤,二是氧气。煤与氧气不结合就不可能发生自燃。因此,煤氧复合导因说应该说只是仅仅揭示了一个显而易见的现象。比如在日常生活中,几乎一切物质都与氧接触,并发生一定程度的氧化作用,为什么绝大多数物质却不发生自燃呢?因此,我们在常识的基础上承认煤自燃是由煤氧不断复合导致的前提下,需要对煤自燃机理进行更深入的研究,提出一种新的理论对煤自燃的发生、发展过程和表现出来的宏观特性和微观变化进行解释,为煤自燃的防治提供理论指导。

纵观这些煤自燃学说或者假说,我们可以看出,绝大部分是从微观的某一角度,或者从宏观的某一特征解释或者证实了煤自燃过程某一微观机理和宏观特征。例如,煤氧复合导因说仅仅从宏观角度对煤自燃过程进行了解释。由于煤结构的复杂性,我们需要从宏观与微观相结合的角度对煤的自燃机理进行研究。

1.1.3 煤自燃倾向性鉴定的意义

煤的自燃倾向性,即煤自燃难易程度,是煤低温氧化性的体现,是煤的内在属性之一[3,12-13]。不同煤层、不同矿井的煤具有不同的自燃倾向性。煤自燃倾向性是煤矿防灭火等级划分的依据,并且所有防灭火技术与措施都建立在煤自燃倾向性鉴定基础之上[14]。我国现行《煤矿安全规程》第二百六十条规定:煤的自燃倾向性分为容易自燃、自燃、不易自燃3类;新设计矿井应当将所有煤层的自燃倾向性鉴定结果报省级煤炭行业管理部门及省级煤矿安全监察机构;生产矿井延深新水平时,必须对所有煤层的自燃倾向性进行鉴定;开采容易自燃和自燃煤层的矿井,必须编制矿井防灭火专项设计,采取综合预防煤层自然发火的措施。

因此,科学地鉴定煤自燃倾向性对于矿井防灭火和煤炭储运过程是至关重要的。世界主要产煤国家根据本国煤层自然发火实际情况制定了不同的煤自燃倾向性鉴定标准。这些标准绝大部分是在对煤自燃过程进行模拟或对煤进行低温或高温氧化等实验基础之上,提取某一个或某几个参数作为煤自燃倾向性鉴定指标[15]。我国煤自燃倾向性鉴定方法也是随着对煤自燃过程和机理认识不断深入而不断变化的,曾经采用过ИГД法、克雷伦法、静态吸氧法和双氧水氧化法等方法[3,12]。我国目前采用动态物理吸附氧气的方法鉴定煤自燃倾向性,即色谱吸氧鉴定法[16-17]。该方法以每克干煤在常温(30 ℃)、常压(101 325 Pa)下的物理吸氧量作为主指标将煤的自燃倾向性分为容易自燃、自燃、不易自燃三个等级。

1.2　煤自燃研究现状

1.2.1　国内煤自燃研究现状

国内对煤自燃理论和防治技术的研究起步都较晚,并且大多借鉴了苏联的研究方法和成果。

近几十年来,中国矿业大学、煤炭科学研究总院抚顺分院和重庆分院、西安科技大学等高校和科研机构对煤自燃进行了一定的研究,提出了一些煤的自燃倾向性测定方法(如重庆分院的着火点方法,抚顺分院的色谱吸氧法),并在煤自燃的防治方面,特别是防灭火材料研制方面取得了长足进步,但是对于煤的自燃过程和机理研究一直没有太大的进展。

在对煤自燃过程模拟测试方面,西安科技大学起步较早,在 20 世纪 80 年代末建立了我国第一个大型自然发火实验台(装煤 1 t 左右),随后相继建立了装煤量 0.5 t 和 1.5 t 等多个煤自然发火实验台[13,18-19],最近几年还在兖矿集团南屯煤矿建立了能够装煤 15 t 的大型实验炉。该类型实验台主要采取水层保温或者电热保温的方式,使煤在氧化过程中产生的热量不散失而模拟煤的自燃过程。大型模拟实验存在的问题是测试过程时间长,需要数十天甚至数月时间,受影响因素多,可靠性低,费工、费力、成本高,难以进行重复实验。

煤炭科学研究总院抚顺分院引进日本的超小型煤绝热氧化设备[20]。实验煤样量为 1 g,煤样粒度 100 目(0.15 mm),通空气量 1 cm^3/min。测试过程中,系统温度控制器实现氧化室环境温度对煤样温度的跟踪,由于温度传感器的灵敏度很高,且温度控制器具有良好性能,可始终保持这两个温度传感器的温差在一个很小的范围内(一般在 0.05 ℃以内),从而使煤样氧化放出的热量不向环境中散失,形成绝热氧化过程。但是该系统的绝热性也难得到保障:一是煤样量太小,不利于煤的氧化和热量的保存;二是没有对进入煤样的气体进行预热,气流将带走煤氧化产生的很大一部分热量。

中国矿业大学在"211"建设项目支持下,建立了煤自燃特性综合测试系统。该测试系统不但能够对小煤样(100 g 左右)进行高效绝热氧化来模拟煤在最优外界条件下的自然发火过程,还能够进行煤的低温氧化特性测试,煤堆自燃危险性判断,煤低温氧化过程指标气体检测,煤的自燃倾向性鉴定,煤的自然发火期预测,等等[21-22]。

目前,我国采用色谱吸氧鉴定法对煤自燃倾向性进行鉴定。随着对煤自燃理论和煤自燃倾向性研究逐步深入,现在看来该方法存在许多不足之处,需要在对煤自燃过程和机理有一个科学认识的基础上,提出新的煤自燃倾向性鉴定方法。对这一问题,本书将在第 7 章进行详细阐述。

1.2.2　国外煤自燃研究现状

世界各主要产煤国家都存在煤自燃现象,煤在储存和运输过程中也会发生自燃。国外对煤自燃过程和机理的研究近些年来也没有大的进展。他们主要从热物理角度对煤的自燃倾向性进行研究,同时也对煤在氧化过程中的内外影响因素和发生的物理化学反应进行了一定深度的研究,并且其主要方向放在煤堆自燃上,这是因为国外煤矿井下发生自燃的情况相对比较少,因此研究的方向有所不同[23-31]。

目前国际上煤的自燃倾向性的鉴定仍然没有统一的标准,不同地区和国家在不同时期采用不同的测试方法和指标,早期主要有奥-维法(着火点温度法)、双氧水氧化法、克雷伦法和静态吸氧法等。现在世界主要产煤国家一般采用绝热氧化法和交叉点温度法等实验方法测得某一个或者某几个参数来鉴定煤的自燃倾向性,因为这些方法模拟了煤的自然发火过程,具有过程性和直接性等优点。国际上比较流行的煤自燃倾向性鉴定方法和指标主要有以下几种。

1) 绝热氧化法

煤的自燃倾向性不以环境的变化而改变。绝热氧化法就是尽量消除环境对煤氧化升温的影响,将煤产生的微小热量通过绝热装置和绝热措施保留在煤样中,煤样仅仅因为自身产生并积聚热量而导致温度上升,以此来研究煤自燃特性的一种实验方法[23,27,32]。

绝热氧化得到的基本曲线就是温度-时间(T-t)曲线,即模拟煤自热升温的过程曲线。根据该基本曲线,煤自燃研究工作者采用不同的指标对煤自燃倾向性进行分类。例如,美国内务部矿业局在 20 世纪 80~90 年代对煤的自燃倾向性测试进行了较为深入的研究,并研制了密封瓶绝热炉对煤的自燃倾向性进行鉴定[33]。

通过绝热氧化法获得的煤自燃倾向性鉴定指标主要有:

(1) R_{70} 指标

为了能够定量比较不同煤样的自燃倾向性强弱,也就是氧化能力强弱,该分类方法采用煤样 40~70 ℃的平均升温速率作为衡量煤自燃倾向性强弱的指标。McCowan 在 1987 年推荐的 R_{70} 分类指标为:$R_{70}<0.5$ ℃/h,不易自燃煤;$R_{70}\geqslant0.8$ ℃/h,容易自燃煤;0.5 ℃/h$\leqslant R_{70}<0.8$ ℃/h,自燃煤。

(2) 初始升温速率和总温升值

英国诺丁汉大学对此方法的研究比较深入,根据煤在绝热测试中初始升温速率(IRH)及总温升值(TTR),将煤的自燃危险等级分成四级,见表 1-1。

表 1-1　初始升温速率和总温升值法的煤自燃危险等级分类

自燃危险等级	IRH/(℃/h)	TTR/(℃/h)
低危险性	<0.6	<2.5
中危险性	0.6~<1.2	2.5~<4.5
高危险性	1.2~<2.0	4.5~<7.0
非常危险性	≥2.0	≥7.0

(3) SHT 指标

SHT(self-heating temperature)是指最低自热温度。将煤样置于绝热炉中,在通入氧气的情况下,能够使煤自动升温的最低温度,即最低自热温度。该温度越低,煤的自燃倾向性就越强。美国矿业局推荐的分类标准为:SHT<70 ℃,容易自燃煤;70 ℃≤SHT<100 ℃,中等易燃煤;SHT≥100 ℃,不易自燃煤。

2) 交叉点温度法

将煤样置于用金属丝制成的网篮中,将网篮置于一程序控温炉中,炉温以一定升温速率(比如 1 ℃/min)上升,在网篮中心位置放置一温度探头,同时在网篮边缘放置一温度探头,煤氧化产生热量使煤样中心部位的升温速率越来越快,原因是中心部位热量相对边缘部分不易散失,中心部位的温度会在某一时刻超过网篮边缘的温度。因此,环境和煤样中心位置的这两个升温曲线必定有一交叉点,具有不同氧化能力的煤样就具有不同的交叉点,可以用交叉点的温度来表征煤的自燃倾向性强弱,交叉点温度越低,煤自燃倾向性就越强。另外,交叉点温度法还有用传热性能非常好的铜质煤样罐作为煤氧化反应器,在通入氧气或者空气的情况下,环境温度程序升温,煤样氧化产生热量使煤体温度逐渐上升,在某一温度点会超越环境温度,该点也被称为 CPT,并被用来作为煤自燃倾向性鉴定指标[34]。

　　3)活化能法

　　波兰采用一种以高温实验活化能为鉴定指标对煤自燃倾向性进行鉴定的方法[35]。根据 1994 年生效的波兰国家标准 PN-93/G-04558,分别在 237 ℃和 190 ℃两种温度下测试煤的氧化升温速率,并根据计算所得活化能将煤自燃倾向性划分为 5 个类别,如表 1-2 所示。

表 1-2　基于高温活化能指标的煤的自燃倾向性分类

$K/(℃/min)$	$E/(kJ/mol)$	自燃倾向性分类	自燃倾向性描述
$K \leqslant 80$	$E > 67$	Ⅰ	自燃倾向性很小
	$46 < E \leqslant 67$	Ⅱ	自燃倾向性小
	$E \leqslant 46$	Ⅲ	自燃倾向性中等
$80 < K \leqslant 100$	$E > 42$		
	$E \leqslant 42$	Ⅳ	自燃倾向性大
$100 < K \leqslant 120$	$E > 34$		
	$E \leqslant 34$	Ⅴ	自燃倾向性非常大
$K > 120$	非标准		

　　4)指标气体法

　　将煤样置于一通空气(或者氧气)的传热罐中,对传热罐以一定的升温速率进行程序升温或者在不同温度下恒温,每隔一定温度段对从传热炉中释放出的气体进行取样分析,这些气样一般含有 CO、CO_2、H_2、N_2、O_2、CH_4、C_2H_4、C_2H_6、C_2H_2 和 C_3H_8 等气态产物,称之为指标气体(也有叫标志性气体的)。在不同温度和时间段指标气体的组成成分和浓度都不相同,不同煤样在相同实验条件下产生的指标气体的组成成分和浓度也不相同。根据指标气体的特性,如某一指标气体出现的时间,某几种气体的相互关系等指标对煤的自燃倾向性进行鉴定和分类。

1.2.3　对国内外研究现状的评价

　　对国内外煤自燃研究进行调查分析后可以得出以下几个结论:

　　(1)煤自燃理论研究几乎处于停滞状态,一直没有一种理论能够很好地对煤自燃过程的现象、表现出的特性和动力原因作出比较深入的解释。也是因为这种状况,在煤自燃防治过程中,特别是防灭火材料的研制方面存在一定的盲目性,并主要是从物理角度进行防灭火。

（2）煤自燃倾向性的研究比较深入，各主要产煤大国都制定了不同的煤自燃倾向性鉴定方法和指标。但是，这些方法同样存在一些不足，原因主要有：一是煤自燃的关键阶段是低温阶段，特别是 70 ℃以下阶段，但是有部分指标并没有体现出煤低温阶段的氧化特性；二是很多指标是间接的测试指标，比如煤物理吸附氧等方法，没有能够体现出煤的氧化性；三是煤自燃是一个动态的发展过程，绝大部分测试方法没有表达出煤自燃（低温氧化）的过程特性，某一温度点并不能够代替一个过程。

（3）中国是世界最大的采煤大国，煤自燃也最为严重，因此在煤自燃理论、煤自燃倾向性鉴定以及煤自燃的防治方面，需要做更多更深入的工作。

1.3 研究内容及技术路线

本书对煤自燃过程表现的宏观特性和微观结构变化进行实验和理论研究，特别是研究两者之间的关系，研究煤自燃逐步自活化反应理论和基于绝热氧化过程煤低温氧化活化能作为指标的煤自燃倾向性鉴定方法，对煤自燃防治在理论和应用上进行比较深入的研究。

1.3.1 煤自燃过程、机理和倾向性研究

1）煤自燃过程研究

煤的自燃过程是一个动态发展过程，受本身的自燃倾向性和环境的影响。对单一氧分子或者氧原子与煤的作用过程来说，煤自燃过程存在三种作用方式，即物理吸附、化学吸附和化学反应，而在宏观上表现出煤与氧相互作用不断释放热量以及热量向环境不断散失的矛盾发展过程，同时会有指标气体等产物产生。

本书将对煤物理吸附氧过程和特性进行比较深入的研究，对物理吸附和化学吸附的区别、物理吸附氧的作用、煤氧化升温过程表现出来的特征（热量、指标气体、官能团变化规律）进行实验和理论研究。煤的孔隙和表面特性，氧在煤体中的流动特性，官能团的氧化反应过程，指标气体产生的原因和规律等问题是本书的研究重点。同时对自燃过程表现出来的微观变化和宏观特征之间的关系进行分析和解释。

2）煤自燃机理研究

一个好的理论一般能够充分回答这样几个问题：一种现象为什么会发生？该现象为什么会表现出这样或那样的微观变化和宏观特征？宏观表现和微观反应之间存在怎样的联系？

对煤自燃机理的研究是煤自燃研究的核心问题之一，因为煤自燃机理是煤自燃防治的理论依据和行动准则。能够圆满解答煤自燃机理问题是煤自燃研究者多年的追求，但是由于煤物理化学结构的复杂性，影响煤自燃过程因素的多样性和多变性，煤自燃机理问题到目前为止还没有得到一个确定的答案。本书以煤自燃过程模拟为实验基础，以化学反应过程的活化反应理论和煤结构（特别是氧化活性大的官能团）在低温氧化过程中的变化规律为理论根据，结合煤自燃过程表现出来的热特征、指标气体释放现象和规律，提出了煤自燃逐步自活化反应机理。

3）煤自燃倾向性研究

我国现行煤自燃倾向性鉴定方法显然不足以体现煤自燃本质特性，表现在：（1）煤自燃

过程不但包括物理吸附氧过程,而且还包括更重要的煤与氧的化学吸附和化学反应过程。(2)我国现行煤自燃倾向性测试是一种间接的测试方法。(3)我国现行煤自燃倾向性鉴定对不同煤种的分类标准不一样。本书在对我国现行煤自燃倾向性鉴定方法进行充分了解并指明其不足的基础上,结合对煤自燃过程的研究和对煤自燃机理的进一步认识,提出一种科学的实用的煤自燃倾向性鉴定方法,即以煤低温氧化活化能为鉴定指标的煤自燃倾向性鉴定方法。

4)煤自燃过程、机理研究与煤自燃倾向性研究的关系

煤自燃机理就是对煤自燃过程和表现出的宏观特性和微观变化进行合理解释的理论,根据该理论能对煤自燃过程进行预测预报。从另外一个角度来说,只有充分认识了煤自燃过程特性、表现出来的宏观与微观规律及其之间的联系,才能够提出一种科学的煤自燃机理理论,该理论必须能够对煤的自燃过程宏观表现和微观反应进行有机的统一的解释。

煤自燃是一个变化发展的动态过程。研究煤自燃机理必须立足于煤自燃过程。同时,对于煤自燃倾向性指标的选择,需要有一个科学合理的煤自燃机理理论作为依据。

因此,煤自燃过程、煤自燃机理和煤自燃倾向性研究是一个有机整体。其中煤自燃过程研究是基础,煤自燃机理研究是核心,而煤自燃倾向性研究是应用。

1.3.2　研究路线、实验方案

1)研究路线

煤自燃过程是复杂的,但是我们可以从两个途径来对其进行考察与研究,即煤自燃防治实践和实验室里的煤自燃过程和特性的模拟与非模拟研究。同时,要研究煤自燃机理,也必须对煤自燃过程进行细致的了解。对煤自燃过程研究可以从三个方面来进行:一是煤自燃过程宏观表现;二是煤结构的微观变化和反应;三是煤自燃过程宏观表现和微观变化之间的关系。很显然,在以前的研究当中,由于煤自燃过程宏观表现比较容易观察和进行实验,对其研究得比较多,对煤自燃过程微观变化也有一定的研究但不深入,而将宏观表现和微观变化有机结合进行综合研究无论是广度还是深度都还远远不够,而这恰恰是深入了解煤自燃过程、机理和倾向性的关键所在。总的来说,本书充分体现了将煤自燃过程宏观特征研究与煤自燃过程微观结构变化和反应研究相结合,理论研究与实验研究相印证的研究路线。

2)实验方案与本书结构

本书从煤自燃过程第一步——煤物理吸附氧开始进行实验研究,考察了物理吸附与化学吸附在煤自燃过程中的作用和意义。要研究煤自燃过程就必须对其进行模拟,本书采用小煤样综合绝热氧化法对五种具有代表性的煤样进行了煤自燃过程模拟,获得了在理想状态下的升温曲线。但是,在某些情况下,我们不需要完全对煤自燃过程进行模拟,而可以采用加速氧化法(如程序升温法、参比氧化法)等测试方法考察煤的低温氧化特性。上面所述的研究是从煤自燃过程宏观角度进行的,本书同时还对煤自燃过程微观结构的变化,特别是煤低温氧化过程(不同温度)煤结构中的活性结构(官能团)的变化情况进行了实验和理论方面的研究。在对煤自燃过程表现的宏观特性与微观变化等方面进行深入研究的基础上进行了理论总结,提出了煤自燃逐步自活化反应理论,并在该理论指导下,提出了基于绝热氧化过程的煤低温氧化活化能作为鉴定指标对煤自燃倾向性进行鉴定的方法。本书的实验方案和结构如图 1-1 所示。

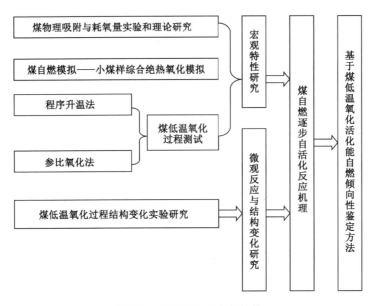

图 1-1　本书实验方案与结构

第 2 章　煤自燃过程物理吸附氧的研究

2.1　煤自燃过程综述

2.1.1　煤自燃的定义

煤炭自燃是一个复杂的物理化学反应过程,可以定义为:煤在低温环境下与空气中的氧不断发生氧化作用(包括物理吸附、化学吸附和化学反应)而产生微小热量,且由于氧化产热速率大于向环境的散热速率,煤体不断积聚热量,煤体的温度缓慢而持续上升以至于达到煤的着火点而自发燃烧起来,这样的现象和过程称之为煤的自燃(或煤的自然发火、煤的内因火灾)。

2.1.2　煤自燃过程的宏观特征与微观结构变化

煤自燃有两个主体:一是煤;二是氧。由于煤结构的复杂性和多样性,煤自燃过程表现出来的特征和现象也比较复杂,这给煤自燃研究,特别是煤自燃机理研究带来了一定的难度。煤自燃过程的主要特征有:

(1) 热。煤自燃的主要导因是氧化产生的热量。在煤自燃过程中,如果不考虑环境的影响,热量的产生随温度升高一般是从小到大,也就是说热释放强度由弱到强。

(2) 气体产物。煤低温氧化过程要产生一系列的气体产物,主要有 CH_4、C_2H_4、C_2H_6、C_3H_8、C_2H_2、H_2、CO 和 CO_2 等气体成分。对于某一煤样来说,不同指标气体开始产生的温度点不同,在不同阶段的浓度也不相同。对于不同煤样来说,同一指标气体开始出现的温度点以及随后该指标气体的浓度和变化趋势也不同。

(3) 煤结构的变化。煤在低温氧化过程中,煤的结构无论是从物理角度还是从化学角度来观察,都会发生变化。在日常生活中,我们可以观察到煤长期堆积在地面时,煤堆表面会逐渐发白,这就是煤低温氧化所导致的。煤低温氧化宏观上的变化主要表现在水分含量的变化、煤的发热量的变化和煤中各种工业成分(可以通过工业分析方法测得)的变化。微观变化主要体现在煤分子结构上的变化,比如氧化后煤中的含氧官能团会有比较明显的增加。部分易于氧化的官能团和活性结构在氧的作用下从煤体脱离而形成指标气体,使得这部分官能团在煤体中含量不断减小,这可以通过煤结构的红光光谱测试等手段证明[36]。

2.1.3 煤自燃过程的分析

就单一氧分子或者氧原子与煤的作用过程来说,煤自燃过程可以分为三个阶段,分别是物理吸附氧、化学吸附氧和化学反应(氧化反应)阶段[12-13]。也有学者将煤自燃过程分为潜伏期、自热期和燃烧期[3],实际上煤与氧气一接触就开始发生所谓的潜伏期和自热期,只是表现出来的氧化和热释放强烈程度不同而已。另外,如果煤低温氧化自热到其燃点开始自发燃烧之后,其燃烧过程与一般煤的燃烧过程没有什么区别,这就超过了煤自燃过程研究的范畴。对于煤自燃宏观过程,物理吸附、化学吸附和氧化反应这三种反应方式有时同时发生,不存在明显和阶段性问题(除煤与氧最开始接触的那一瞬间)。但是对于微观反应,或者说对于煤体中微小的一部分结构来说,这三种反应是有比较明显的区分和阶段性的。首先是煤与氧气接触发生物理吸附,然后物理吸附的氧气缓慢转变为化学吸附,化学吸附的氧气与煤中的活性结构发生化学反应,从而完成氧化反应过程,释放出微小的热量使煤体的温度有微小的上升。但是,我们知道煤中的结构是复杂的而表现出不同反应性,不同结构发生氧化反应的条件、强度和速率是不一样的,否则煤与氧一接触,不是永远不会发生自燃,就是一接触就发生激烈的氧化反应而立刻自燃起来(比如磷的自燃就是如此,因为磷是单一结构物质)。

2.2 煤的孔隙结构模型

煤具有非常复杂的物理化学结构。大多数学者将煤层看成有裂隙的多孔介质,认为煤层是由裂隙组成的煤块群和裂隙系统所组成的孔隙-裂隙结构[37-38]。煤的孔隙结构由成煤过程中排出的气体和液体形成的许多微小气孔所组成。这一点在煤的电子显微镜照片中可以看到,如图 2-1 所示。图 2-1(a)为煤中的孔洞,图 2-1(b)为煤中的裂隙结构,图 2-1(c)为煤中的颗粒堆积。成煤过程中生成的微孔,一部分是相互沟通的,一部分是封闭的,并形成交错的孔隙与裂隙的网络结构。裂隙系统由煤层的层理、节理和裂隙所组成,也是在成煤过程中形成的。特别是在地质构造运动过程中,煤层被强大的构造应力所挤压、错动而破碎,形成了裂隙系统。从开采煤层过程中可以看到,某些软煤层已看不出它的层理和节理,变成了像土壤那样的颗粒结构。在颗粒之间,则存在着细微的裂隙网络。煤层的孔隙-裂隙结构如图 2-2 所示[38]。

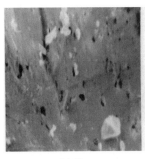 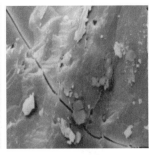 

(a)孔   (b)裂隙   (c)煤粒堆积

图 2-1　煤表面电镜扫描图

煤粒中存在许多不同类型的孔隙,一般可以分为以下几类[37]:敞开孔,孔口在煤粒的外表面;封闭孔,不与煤粒外界环境直接相通;通道孔,贯穿煤粒,从煤粒表面一处通向另外一处;盲孔,在通道孔中的孔,其孔口在煤粒的内表面。煤粒中不同孔的结构形态如图 2-3 所示。

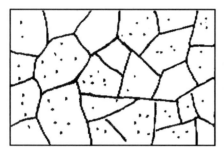

图 2-2　煤层的孔隙-裂隙结构模型
(曲线表示裂隙,圆点表示孔)

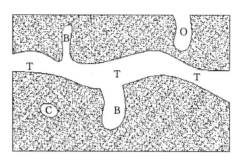

O—敞开孔;C—封闭孔;T—通道孔;B—盲孔。
图 2-3　煤粒中不同形态的孔

煤层中的孔隙大小,可以按照不同测试方法和要求进行分类。世界上对孔隙的分类方法很多,比较流行的有国际纯粹与应用化学联合会的 IUPAC 分类法、苏联的霍多特分类法、低温液氮吸附分类法、按照孔径和流动规律分类法(见表 2-1)以及压汞分类法(见表 2-2)[37-39]。

表 2-1　按照孔径和流动规律分类法

名称	孔径/m	孔隙中氧气流动特性
微孔	$<10^{-8}$	扩散流动
过渡孔	$10^{-8}\sim<10^{-7}$	可以产生扩散流动
半大孔	$10^{-7}\sim<10^{-6}$	缓慢层流区域
大孔	$10^{-6}\sim<10^{-4}$	强烈层流区域
可见孔	$\geqslant10^{-4}$	层流或紊流区域

表 2-2　煤孔隙压汞分类法

孔类别	大孔	中孔	过渡孔	小孔
孔宽/nm	$\geqslant2\,000$	$200\sim<2\,000$	$20\sim<200$	$7.5\sim<20$

综上所述,可以将煤层的结构层次作如下描述:煤层中存在大裂隙,使得煤层被分割为紧密相连的煤块;煤块中存在立体的裂隙网络结构,形成大小和形状不同的煤粒;煤粒中存在各种孔隙。因此,煤层的结构层次可用图 2-4 所示的关系来表示。

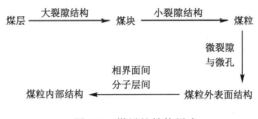

图 2-4　煤层的结构层次

2.3　煤物理吸附氧的理论

吸附是自然界普遍存在的现象,1982 年的胶体与表面化学国际学术会议将吸附定义为:"由于物理或化学的作用力场,某种物质分子能够附着或者结合在两相界面上的浓度与两相本体不同的现象。"[40]煤是具有大量不同类型和性质孔隙结构的有机生物岩,是多孔介质,具有很大的内表面积,因此煤对氧具有较强的吸附能力。煤吸附氧气的现象早为人们所知[3]。我国现行的煤自燃倾向性鉴定方法就根据环境温度为 30 ℃时煤物理吸附氧量的大小来判定其自燃危险性[14,16-17]。煤自燃要经历三个既有区别而又相互联系的阶段,分别为物理吸附、化学吸附和化学反应阶段[12-13],前两阶段对煤自然发火同样至关重要,是煤自燃的前提步骤,是煤分子结构与氧在低温环境下氧化所需氧的输送途径。新破碎的煤体与空气一接触,空气中的氧就被吸附到煤的表面,并释放出微小的热量。从现有的资料来看,煤对氧的物理吸附与环境温度、煤的粒度以及吸附时间等的关系还没有系统的实验和理论研究,因此对物理吸附在煤自燃过程中所起的作用和影响也没有一个清晰的认识。本节将在这些方面对煤物理吸附氧进行讨论,也是对煤自燃机理的煤氧复合作用学说的细化和补充。

分子或者原子间同时存在范德瓦耳斯(van der Waals)吸引力和排斥力[40]。这些力均可以产生对应分子或原子间相互作用势能。设 f 代表作用力,r 是粒子间的距离,而 $U(r)$ 是以 r 为函数的粒子间相互作用势能,则:

$$U(r) = \int_{\infty}^{r} f \, \mathrm{d}r \qquad (2\text{-}1)$$

煤表面具有多种复杂分子结构,由煤的化学结构模型可以看出[41],煤表面不但有强永久偶极分子结构,也有弱永久偶极分子结构,甚至也存在无永久偶极性结构。氧气是同核双原子分子,在不受其他分子作用的时候不具有偶极性,但煤表面永久偶极分子结构作用会引起其他分子产生诱导效应而极化,产生诱导偶极[40]。

永久偶极与诱导偶极间的相互作用势能为:

$$U_{\mathrm{i}}(r) = -\left(a_{\mathrm{i}_2} u_1^2 \frac{1}{r^6} + a_{\mathrm{i}_1} u_2^2 \frac{1}{r^6} \right) \qquad (2\text{-}2)$$

式中,u_1,u_2 分别为煤表面分子结构的偶极矩与氧分子的诱导偶极矩;a_{i_1},a_{i_2} 分别为煤分子结构与氧气分子的诱导极化率。

无永久偶极或弱永久偶极分子间相互作用的色散势能为:

$$U_d(r) = -\frac{3}{2}\left(a_{d_1}a_{d_2}\frac{h^2\upsilon_1\upsilon_2}{h\upsilon_1+h\upsilon_2}\right)\frac{1}{r^6} \tag{2-3}$$

式中，h 为普朗克常量；υ_1，υ_2 分别为煤表面分子结构和氧气分子的电荷分布特征振动频率；a_{d_1}，a_{d_2} 分别为煤表面分子结构与氧气分子的色散极化率。

分子间具有的排斥力引起的排斥势能 $U_r(r)$ 可表示为：

$$U_r(r) = \frac{B}{r^n} \tag{2-4}$$

式(2-4)是一个在有限温度范围内适用的近似式。B 对于指定物质来说是常数；n 可以在从 9 到 15 范围内变化，Lennard-Jones 建议将 n 值取为 12。

因此，描述煤物理吸附氧的作用力方程为：

$$U(r) = U_i(r) + U_d(r) + U_r(r) \tag{2-5}$$

即

$$U(r) = -\left(a_{i_2}u_1^2 + a_{i_1}u_2^2 + \frac{3}{2}a_{d_1}a_{d_2}\frac{h^2\upsilon_1\upsilon_2}{h\upsilon_1+h\upsilon_2}\right)\frac{1}{r^6} + \frac{B}{r^{12}} \tag{2-6}$$

令

$$A = a_{i_2}u_1^2 + a_{i_1}u_2^2 + \frac{3}{2}a_{d_1}a_{d_2}\frac{h^2\upsilon_1\upsilon_2}{h\upsilon_1+h\upsilon_2}$$

则：

$$U(r) = -\frac{A}{r^6} + \frac{B}{r^{12}} \tag{2-7}$$

根据式(2-7)，得到 Lennard-Jones 物理吸附势能曲线，如图 2-5 所示。

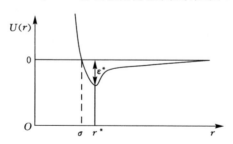

图 2-5 Lennard-Jones 物理吸附势能曲线

由图 2-5 所示的曲线可以得出，曲线的最低点是吸附过程中吸附力和排斥力平衡的位置，如果此时它与吸附剂表面的距离为 r^*，最低点的阱深为 ε^*，$U(r)$ 等于 $-U$，即相当于放出的物理吸附热。

煤物理吸附本质上是复杂的多层吸附，这是因为吸附分子间同样存在范德瓦耳斯力。当煤结构与氧气分子间吸引力大于排斥力时，氧气分子就被吸附到煤结构表面上；相反，如果排斥力大于吸引力，氧气分子就从煤结构表面脱附为本体状态，即气态。

2.4 氧在煤体中流动规律

2.4.1 氧气运动主要特征

正常情况下空气中氧气和氮气的体积分数分别为 20.95% 和 78.09%，是煤自燃过程中在煤体中流动的主要气体。由分子流动理论可知，自由程描述了气体分子在未与其他分子发生碰撞前流动经过的路程，气体分子平均自由程 $\bar{\lambda}$ 的表达式为[42]：

$$\bar{\lambda} = 6.44 \times 10^3 \frac{\mu_t}{p} \sqrt{\frac{T}{M}} \tag{2-8}$$

式中，$\bar{\lambda}$ 为气体分子的平均自由程，cm；μ_t 为气体分子动力黏度，Pa·s；p 为气体分子压力，Pa；T 为气体分子的热力学温度，K；M 为气体分子的相对分子质量。

根据式(2-8)，可以求得氧气在 293 K 和标准大气压时的自由程为 6.315×10^{-8} m，而氧气分子直径为 3 Å，其自由程是分子直径的 210 倍。

在低温情况下，气体分子自由程随温度的变化不大，如 323 K 时与 293 K 时相比，气体分子自由程只增加了 4%，在 373 K 时也仅仅增加了 13%。因此，对于煤体低温氧化过程，我们可以不考虑气体分子自由程因为温度变化而带来的影响。空气中除了氧气外，还有更大部分的氮气。我们可以认为氮气是不参加化学反应的，其在煤体中的非反应性流动规律与氧气区别不大。

2.4.2 氧气分子在煤层中的流动模式

从分子运动论的观点来看，氧气分子在煤层中的流动本质是不规则热运动。因此，从理论上讲，氧气分子能够到达任何比其本身体积大的空间内。但是，氧气分子流动要受一定规律支配，氧气的流动规律与煤的结构特性紧密相关。按照气体在多孔介质中的渗流和扩散机理的研究[38,43-45]，可以认为氧气在煤层中的流动主要是层流流动和扩散流动，另外还有分子滑流和吸附流动。虽然后者所占的比例不是很大，但是对于煤的氧化反应却是至关重要的。

1）层流流动

层流流动可以称为线性渗透，即氧气的流速与煤层中的气体压力梯度成正比，呈线性规律，符合达西(Darcy)定律[38,45]，即

$$v = -\frac{k}{\mu} \frac{\partial p}{\partial n} \tag{2-9}$$

式中，k 为渗透率，D（1 D $= 9.87 \times 10^{-13}$ m²）；v 为流速，cm/s；μ 为气体的绝对黏度，cP（1 cP $= 10^{-3}$ Pa·s）；p 为气体压力，Pa；$\frac{\partial p}{\partial n}$ 为气体压力在流动方向上的偏导数。

根据式(2-9)可以导出气体的流量方程：

$$q = -\lambda \frac{\partial p}{\partial n} \tag{2-10}$$

式中，q 为气体流量，m³/(m²·d)；λ 为煤层透气性系数，m²/(Pa²·d)。

2）扩散流动

当氧气在煤中流动不遵从线性规律,即达西定律时,氧气流动就呈扩散流动状态。在这种流动状态下,起决定性作用的不是流动方向上的气体压力差,而是氧气分子热流动,即从氧气分子的流动状态的微观角度来研究氧气分子的流动。

根据气体在多孔介质中扩散机理的研究,用表示孔隙直径和分子流动平均自由程相对大小的克努森数 Kn 将扩散分为一般的 Fick 型扩散、Knudsen 型扩散和过渡型扩散[44-45]。Kn 的表达式为:

$$Kn = \frac{d}{\overline{\lambda}} \tag{2-11}$$

式中,d 为孔隙平均直径,m;$\overline{\lambda}$ 为孔隙氧气分子的平均自由程,m。

（1）菲克（Fick）型扩散

当 $Kn \geqslant 10$ 时,孔隙直径远大于孔隙气体分子的平均自由程,这时孔隙气体分子的碰撞主要发生在自由孔隙气体分子之间,而分子和孔隙壁的碰撞机会相对较少,氧气的质量流量与氧气的密度梯度成正比,此类扩散遵循菲克定律,称为菲克（Fick）型扩散,见图 2-6（a）。表达式为:

$$J = -D_f \frac{\partial c}{\partial n} \tag{2-12}$$

式中,J 为扩散速度,$m^3/(m^2 \cdot d)$;c 为氧气含量;D_f 为煤体氧气扩散系数,m^2/d。

由于孔道呈弯曲的各种形状,同时又是相互连通的通道,所以扩散路径因孔隙通道的曲折而增长,孔截面收缩可使扩散流动阻力增大（孔截面扩大产生的影响较小）,从而使实际的扩散通量减小。考虑以上因素,氧气分子在煤层内有效扩散系数可定义为:

$$D_{fe} = D_f \frac{\theta}{\tau} \tag{2-13}$$

式中,D_{fe} 为氧气在煤层内的有效 Fick 扩散系数,m^2/s;θ 为有效表面孔隙率;τ 为曲折因子,是为修正扩散路径变化而引入的。

很显然,对于给定状态的氧气来讲,菲克型扩散的扩散系数取决于煤本身的孔隙结构特征。

（2）克努森（Knudsen）型扩散

当 $Kn \leqslant 0.1$ 时,气体分子的平均自由程大于孔隙直径,此时孔隙气体分子和孔隙壁之间的碰撞占主导地位,而分子间的碰撞退居次要地位,此类扩散不再为菲克扩散,此即克努森（Knudsen）型扩散,见图 2-6（b）。其扩散系数 D_K 为:

$$D_K = \frac{2}{3}r\sqrt{\frac{8RT}{\pi M}} \tag{2-14}$$

式中,D_K 为克努森型扩散系数;r 为孔隙平均半径,m;R 为摩尔气体常数;T 为绝对温度,K;M 为氧气相对分子质量。

若考虑有效表面孔隙率、曲折因子等因素,则有效扩散系数为:

$$D_{Ke} = \frac{D_K \theta}{\tau} = -\frac{4}{3}\frac{\theta}{s\rho}\sqrt{\frac{8RT}{\pi M}} = \frac{8\theta^2}{3\tau s\rho}\sqrt{\frac{2RT}{\pi M}} \tag{2-15}$$

式中,s 为煤粒的比表面积,m^2/kg;ρ 为煤密度,kg/m^3。

从式(2-15)中可以看出,克努森型扩散系数与煤的结构和煤层的温度等有关。

(3) 过渡型扩散

当 $0.1 < Kn < 10$ 时,孔隙直径与孔隙气体分子的平均自由程相近,气体分子之间的碰撞和分子与壁面的碰撞同样重要,因此此时的扩散是介于菲克型扩散与克努森型扩散之间的过渡型扩散,见图 2-6(c),其扩散系数为[44-45]:

$$\frac{1}{D_{pe}} = \frac{1}{D_{fe}} + \frac{1}{D_{Ke}} \tag{2-16}$$

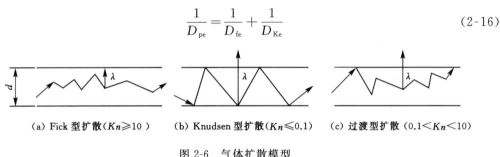

(a) Fick 型扩散($Kn \geqslant 10$)　　(b) Knudsen 型扩散($Kn \leqslant 0.1$)　　(c) 过渡型扩散($0.1 < Kn < 10$)

图 2-6　气体扩散模型

3) 反应性流动

煤与氧在低温条件下反应首先发生在煤的表面(包括外表面和孔隙裂隙内表面)。因此,氧气在煤体中的流动就与在煤体中流动而不参与化学反应的气体的流动有所区别,这种流动可以称为反应性流动。反应性流动有两个最大的特点:一是反应前后的物质组成发生改变,具体到煤氧化来说,就是一部分氧气参与到煤的氧化中来,使得部分氧气被消耗,同时煤被氧化部分的结构和性质发生变化,并会释放出多种标志性气体,如烷烃、烯烃、CO 和 CO_2;二是反应伴随着热量的变化,煤氧化要放出热量,煤体温度有微小上升。总之,氧气在煤体中流动是复杂的物理化学变化过程,同时是传热传质的过程。

(1) 表面扩散

对于凸凹不平的煤粒表面,具有表面吸附势阱深度即表面能 E_a,当氧气分子的能量等于表面能 E_a 时,气体分子在煤表面形成表面扩散,见图 2-7。

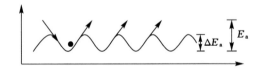

图 2-7　氧气在煤表面上的表面扩散

其有效表面扩散系数为[46]:

$$D_{se} = D_{so} \exp\left(-\frac{E_a}{RT}\right) \tag{2-17}$$

式中,D_{se} 为有效表面扩散系数;D_{so} 为与气体及多孔介质本身有关的常数;E_a 为表面吸附势阱深度。

由式(2-17)可以看出,表面扩散系数与煤的表面特征、表面粗糙度、表面吸附势阱深度以及煤层的温度等因素有关。表面扩散经常同普通的菲克型扩散在煤层较大孔隙中同时进行,使扩散的总通量增大;另一种情况是当氧气被煤表面强烈吸附时,吸附层增厚使得氧气扩散通量减小。

(2) 分子间扩散

煤分子间内的扩散阻力较大,扩散通量较小。由煤大分子结构可知,煤是由周边联结有多种原子基团的缩聚芳香稠环、氢化芳香稠环通过各种桥键和交联键联结而成的,在其中含有各种缺陷、位错或空位。当压力较低时,氧气分子不易进入芳香层之间或碳分子之间;而当压力较高时,氧气分子则可能进入芳香层缺陷或煤物质大分子之间,发生分子间扩散。当孔隙半径与氧气分子相差不大,且压力足够大时,氧气分子可以进入煤微孔隙中以固溶体(取代式固溶体、填隙式固溶体)形式存在,且不易脱附。

(3) 反应性流动与非反应性流动的关系

反应性流动的实质是反应消耗了氧,煤氧界面处的氧浓度下降,形成氧浓度梯度。因此,反应性流动可以通过煤氧化过程氧浓度与耗氧速率之间的关系同非反应性气体流动规律相联系。

煤氧化耗氧速率 v_{O_2} 与氧浓度、煤表面分子结构活性、孔隙率、温度、粒度等有关[47],即

$$v_{O_2} = f(c(O_2), Z, T, d_{50}, \cdots) \qquad (2-18)$$

式中,v_{O_2} 为煤氧化耗氧速率;$c(O_2)$ 为氧气浓度;Z 为煤表面分子结构活性,即煤表面分子与氧的反应能力;T 为温度;d_{50} 为粒度。

特别值得注意的是,此处的 $c(O_2)$ 为煤表面接触处氧气浓度,也就是氧气分子进入煤分子结构前的浓度,而不是平均氧气浓度。这是因为煤的表面和孔隙结构要影响氧气的移动,从而影响氧气在煤表面处的浓度,在煤体中氧气浓度并不是均匀的,处处存在氧浓度梯度。

煤氧复合热效应与耗氧速率和表面反应热有关,通常用式(2-19)表示:

$$q = v_{O_2} H \qquad (2-19)$$

式中,q 为单位体积煤在单位时间内放出的热量,J/(cm³ · s);v_{O_2} 为单位体积煤体在单位时间内消耗的氧(耗氧速率),mol/(cm³ · s);H 为每消耗 1 mol 氧所产生的表面反应热,J/s。

在研究煤自燃过程物理吸附氧时,一般都将其作为静止状态进行研究,没有充分考虑煤自燃是一个发展变化的过程。通过对氧气在煤体中流动规律的研究,可以得出煤物理吸附氧实际上是一个发展变化的动态过程。

2.5 煤静态物理吸附氧研究

煤自燃过程物理吸附氧是一个动态的过程,即一个氧分子或者氧原子不会长时间停留在煤表面,而是由物理吸附向化学吸附过渡,化学吸附再向化学反应转化。但是在某一时刻,或者说在煤自燃过程某一温度,总会通过物理吸附的方式使一定量的氧附着在煤表面,可以视为静止状态,因此本书称之为静态物理吸附氧。

2.5.1 静态物理吸附氧实验设备

将煤样经过一定预处理,包括将煤样破碎并筛分至所需粒度作为实验煤样,在惰性环境下去除水分后,通入氧气(纯度 99.99% 以上),使煤样在给定条件下吸附氧,然后将通入的氧

气立刻切换为氮气,使吸附在煤表面的氧在氮气流的作用下被带走,利用气相色谱法中的热导检测器检测出氮气流中的氧气量,就能求得煤物理吸附氧量。

静态物理吸附氧量测试可以利用煤自燃倾向性鉴定仪(ZRJ-1 型煤自燃倾向性测定仪)所提供的功能来完成[16-17]。该测定仪可以设定样品管所在温度控制箱的环境温度,可以控制吸附时间,并能够检测气流流经热导时气流热导率的变化量,从而计算出从样品管内脱附的氧气量。该测试仪器系统如图 2-8 所示,其原理如图 2-9 所示。

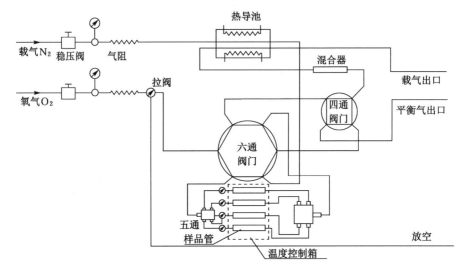

图 2-8　煤自燃倾向性测定仪系统

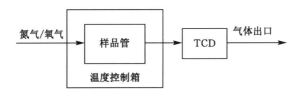

图 2-9　煤物理吸附氧原理

从原理图中可以得知,该仪器的气路由氮气气路和氧气气路组成,在对样品进行干燥,对吸附了氧气的样品管和煤样进行脱附时,氮气通过样品管;在对样品及样品管进行吸附氧操作时,氧气通过样品管。吸附与脱附转换是由六通阀门来实现的。样品管为钢质材料,其内的煤样温度易与环境温度保持一致。

2.5.2　煤样分析

测试煤样分别为北皂矿褐煤、柴里矿气煤、李一矿气肥煤、潘一矿肥煤和百善矿无烟煤。在工作面采取约 10 kg 煤块,装入密封袋中防止氧化。实验煤样的工业分析和元素分析结果如表 2-3 所示。

表 2-3　煤样的工业分析与元素分析结果

样品	工业分析结果 /%				发热量 /(kJ/g)	元素分析结果 /%				
	M_{ad}	A_{ad}	V_{ad}	FC_{ad}	$Q_{net, ad}$	C_{ad}	H_{ad}	N_{ad}	S_{td}	O_{ad}
北皂褐煤	25.05	2.91	30.41	41.63	22.23	54.92	2.96	1.63	0.37	12.16
柴里气煤	1.51	6.15	37.36	54.98	27.65	75.55	4.73	1.29	0.63	10.15
李一气肥煤	1.95	8.31	35.17	54.57	28.93	67.90	3.21	1.58	0.21	10.17
潘一肥煤	2.23	11.67	33.01	53.09	28.68	68.56	3.98	1.48	0.26	11.28
百善无烟煤	1.63	6.20	8.59	83.58	33.50	86.12	3.34	1.37	0.27	1.07

2.5.3　煤静态物理吸氧量测定方法

1）仪器常数的测定

用热导检测器检测氮气流中的氧气浓度时,所得到的色谱峰面积、氧含量和测定时载气流量之间具有一定的函数关系[16-17]:

$$K = \frac{\alpha V_s}{S_a R_c} \times \frac{273 p_0}{1.013\ 3 \times 10^5 T} \tag{2-20}$$

式中,K 为仪器常数,min/(mV·s);α 为氧气分压与大气压之比;V_s 为样品管体积,mL;S_a 为与样品管体积相对应的峰面积,mV·s;R_c 为载气流量,mL/min;p_0 为实验条件下大气压,Pa;T 为实验条件下的温度(即柱箱体温度),K。

该仪器的四个样品管的仪器常数分别为,$K_1 = 1.79 \times 10^{-7}$ min/(mV·s)、$K_2 = 1.82 \times 10^{-7}$ min/(mV·s)、$K_3 = 1.85 \times 10^{-7}$ min/(mV·s)、$K_4 = 1.82 \times 10^{-7}$ min/(mV·s)。从求仪器常数的公式看,仪器常数与温度 T 有关,但是当 T 在常温附近升高时,脱附峰面积 S_a 相应降低,因此 K 与温度关系不是很大,在不同温度环境下实验得到的仪器常数非常接近,因此在后面的计算中将 30 ℃环境温度下的 K 值作为计算值。

2）吸氧量的测定与计算

将制备好的煤样称取 1.000 0 g 装入标准样品管中,通以氮气(流量 30～50 mL/min),在温度控制箱内环境温度为 105 ℃的条件下处理 1.5～2 h,以除去煤样中的外在水分(水分对热导池检测有影响)。

将热导池温度设定在一个合适温度值(根据该仪器特点进行设置),载气氮气的流量为(30±0.5) mL/min,氧气流量为(20±0.5) mL/min,并在给定的环境温度下吸附氧气一定时间后,测定脱附峰面积 S_1;将煤样从样品管倒出,在相同的条件下,让同一样品管空管吸附氧气 5 min,测定脱附峰面积 S_2。将 S_1、S_2 及其他测试条件和实测参数代入式(2-21)计算吸氧量[16-17]。

$$V_d = K R_{C_1} \left\{ S_1 - \left[\frac{\alpha_1 R_{C_1}}{\alpha_2 R_{C_2}} \times S_2 \left(1 - \frac{G}{d_{TRD} V_s} \right) \right] \right\} \times \frac{1}{(1 - W_Q)G} \tag{2-21}$$

式中,V_d 为煤的吸氧量,mL/g(干煤);K 为仪器常数,min/(mV·s);R_{C_1} 为实管载气流量,mL/min;R_{C_2} 为空管载气流量,mL/min;α_1 为实管时氧气分压与大气压之比;α_2 为空管时氧气分压与大气压之比；S_1 为实管脱附峰面积，mV·s；S_2 为空管脱附峰面积，mV·s；G 为煤样质量，g；d_{TRD} 为煤的真相对密度；V_s 为样品管体积，mL；W_Q 为煤样全水分，%。

3）测试结果及其分析计算

（1）不同吸附时间煤物理吸氧量

煤样粒度为 80~100 目（0.20~0.15 mm），吸附环境温度为 30 ℃，控制煤吸附氧时间，得出煤物理吸氧量随时间的变化规律，如图 2-10 所示。

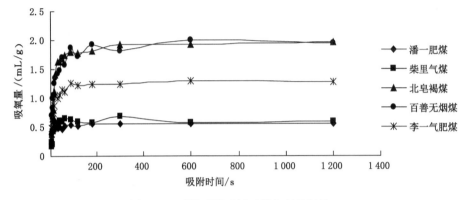

图 2-10　不同吸附时间下煤物理吸氧量

煤对氧的物理吸附过程非常快，在数秒时间内物理吸附就能够达饱和吸氧量的 80% 左右，而后吸附速率急剧下降，如果不改变吸附条件，1 min 左右就基本能够达到吸附平衡。当然这种平衡是动态的，即在吸附的同时也在脱附。

（2）不同吸附温度煤物理吸氧量

煤样粒度为 80~100 目（0.20~0.15 mm）。将样品管所在温度控制箱的环境温度分别设定为 30~100 ℃之间所有为 10 ℃的整数倍的温度值，分别测出该环境温度下煤的吸氧量，吸附时间为 20 min。测定结果如图 2-11 所示。

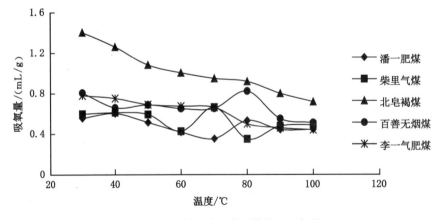

图 2-11　不同环境温度下煤物理吸氧量

由图 2-11 可以得出，随着温度上升煤物理吸氧量呈下降趋势，但是这种趋势不是完全线性的，在 60~80 ℃阶段有一波动，即在这一温度段煤的吸氧量先有一上升的趋势，而后继续降低,这可以从煤在不同环境温度下的结构变化得以解释[48]。煤中的孔结构在 60～80 ℃时更加发育,煤体的内表面积更大,因此其物理吸附氧量有所增加。但单位表面积物理吸附氧气的量是随温度升高而降低的。煤物理吸附氧量随环境温度上升而下降,这是因为环境温度越高,氧气分子具有的动能越大,而煤表面与氧气间的吸引力却几乎不随温度的变化而变化,因此氧就越容易从煤表面脱附,吸附氧气的量就相应减少。

　　(3)不同粒度煤物理吸氧量

　　吸附环境温度为 30 ℃。筛取 40～80 目(0.45～0.20mm)、80～120 目(0.20～0.125 mm)、120～160 目(0.125～0.097 mm)和 160 目(0.097 mm)以上四种不同粒度范围的煤样进行实验。不同粒度煤样物理吸氧量如图 2-12 所示。

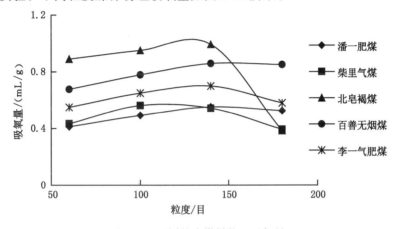

图 2-12　不同粒度煤样物理吸氧量

　　粒度影响煤的孔隙分布和内外表面积,因此也就影响了煤的物理吸附能力。由图 2-12 可以得出,随着煤粒度不断变小,其吸氧量相应增加,在 100 目(0.15 mm)左右达最大值,而后逐渐下降。其中褐煤在粒度超过 100 目以后的吸氧量变化比较明显,这是由于褐煤变质程度低,存在大量的微小孔隙,这些孔隙对物理吸附起到重要作用,一旦粒度太小破坏了这些微孔隙结构,其物理吸附能力反而有所下降。另外,随着粒度变小,煤与氧气接触的表面积增加,同时氧气进入煤体内的阻力也增加。

2.5.4　煤静态物理吸附氧的热效应

　　物理吸附是放热反应,其放出热量大小与氧的液化热相近[48-49],因此可以算出煤自燃过程物理吸附阶段煤的放热量。当已知该煤质量热容时,就能够求得其对煤自燃贡献的温升大小。煤的质量热容与煤的含碳量具有一定关系[41],由煤的工业分析数据就可以得出煤的质量热容。

　　以 30 ℃时 80～120 目(0.20～0.125 mm)粒度的煤物理吸附氧并达到饱和为例,可以根据其物理吸氧量和煤的质量热容求得在理想情况下,即热量不向环境散失时物理吸附使煤体温度升高值 ΔT:

$$\Delta T = \frac{q_y V_d}{22.4c} \qquad (2\text{-}22)$$

式中，q_y 为氧的液化热，其值为 3.41 kJ/mol；V_d 为煤物理吸氧量，mL/g；c 为煤的质量热容，kJ/(kg·K)。

经过计算，实验煤样静态物理吸附氧而放出热量使煤体温升值如表 2-4 所示。

表 2-4　静态物理吸附使煤体温升值

煤样	静态物理吸氧量 /(mL/g)	煤体物理吸附氧获得的热量 /(kJ/kg)	煤样质量热容 /[kJ/(kg·K)]	物理吸附使煤体温升值 /K
北皂褐煤	1.403 7	0.196 8	1.5	0.13
柴里气煤	0.599 8	0.084 1	1.4	0.06
潘一肥煤	0.557 6	0.078 2	1.3	0.06
百善无烟煤	0.807 0	0.113 1	1.1	0.10

表 2-4 所示的煤体温升值仅仅是在某一时刻吸附在煤表面上的氧释放出的物理吸附热引起的，而在煤自燃过程中，物理吸附始终处于动态吸附过程，因此还需要用动态的观点和方法来分析煤物理吸附氧气的热效应。

2.6　煤动态物理吸附氧过程分析

煤物理吸附氧最基本的特征之一就是其动态特性，也就是说某一氧气分子附着在煤表面上是暂时的。氧气分子附着在煤表面上后的去向有两种：一种是转化为化学吸附，为化学反应做准备；另外一种是脱离煤表面而重新变为气相。当某一氧气分子离开其物理吸附位置时，就会由另外的氧气分子来补充该位置。因此，在煤低温氧化过程中的物理吸附由于氧化反应的存在而变成动态吸附过程。这种动态过程总的来说是进入煤体的氧气分子大于从煤中出来的氧气分子，两者之差就是煤氧化反应而消耗的氧气量。

2.6.1　物理吸附氧的输送氧作用

煤低温氧化微观过程依次为物理吸附、化学吸附和氧化反应，一个氧气分子也将按照这个顺序与煤结构发生作用。因此，煤物理吸附氧气的过程最主要的作用之一是为氧化反应输送氧。按照这种情况来看，煤物理吸附氧气量的大小与煤的低温氧化能力就存在一种比较复杂的关系，并不单单是物理吸附氧气多煤的低温氧化能力就更强。其原因在于煤物理吸附氧是动态的，如果某一种煤氧化反应能力较强，而其物理吸附氧气能力相对较弱，但是物理吸附的动态过程更快，也就是说在单位时间内物理吸附氧气量也能够满足氧化反应的需要。图 2-13 为煤的物理吸附氧的动态过程示意图。

2.6.2　物理吸附氧的微小升温作用

煤在自燃过程中物理吸附氧的热效应要远远大于静态吸附的热效应，其总热效应等于煤低温氧化过程参与反应氧总的液化热。

在理想情况下，即煤低温氧化体系与环境完全绝热的情况下，物理吸附对煤自燃升温的热贡献情况为：

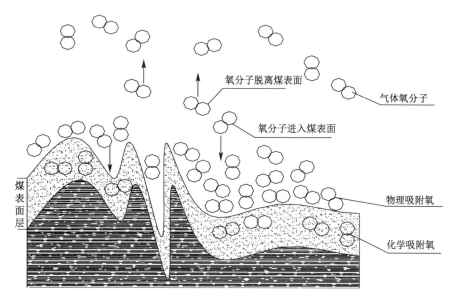

图 2-13　煤物理吸附氧的动态过程

$$Q_{t_2-t_1} = \left[\int_{t_1}^{t_2} v_{oxy}(t)\,\mathrm{d}t + V_{P_{oxy}}(t_2)\right] q_{P_{oxy}} \tag{2-23}$$

式中，t_1，t_2 分别为物理吸附起始和终止时刻；$Q_{t_2-t_1}$ 为 t_1—t_2 阶段物理吸附对煤低温氧化升温的热贡献量，J/g；$v_{oxy}(t)$ 为不同温度下煤低温氧化耗氧速率，mol/(g·s)；$q_{P_{oxy}}$ 为物理吸附热，J/mol；$V_{P_{oxy}}(t_2)$ 为 t_2 时的物理吸附氧气量，mol/g。

2.6.3　物理吸附氧的动力作用

通过上述分析我们不难得出，煤自燃必须先接触氧，即物理吸附氧，物理吸附氧气的物理吸附热量使得煤体温度有一微小上升，导致煤体内极易被活化的结构活化而吸收氧气发生化学吸附和化学反应，使得煤结构表面物理吸附氧量减少，促使空气中的另一部分气态氧与煤表面发生物理吸附，使煤的低温氧化进程向前发展。煤自燃的本质是煤的低温氧化特性，而物理吸附是煤自燃的第一动力。没有煤动态物理吸附氧的过程及其动态热效应，就不可能有煤自燃发生。

2.6.4　物理吸附氧与煤自燃倾向性的关系

煤静态物理吸附氧气量与煤的表面物理结构相关。由于煤物理吸附氧是一动态过程，在某一温度或者时刻吸附在煤表面上的氧气量并不代表煤氧化消耗的氧气量，也就不代表煤的氧化能力，而煤的氧化放热能力在一定程度上反映了煤的自燃倾向性。例如，在某一温度段某一煤静态物理吸附氧气量比较小，但是该煤氧化消耗氧气的速率较快而导致物理吸附氧吸附速率比较快，那么在单位时间内该煤的氧化能力就比较强。因此，煤在某一温度或者时刻物理吸附氧气量（静态物理吸氧量）不足以反映出该煤的自燃倾向性。而煤自燃过程动态物理吸附氧气量，也就是煤自燃过程氧气消耗量理论上能够一定程度地反映煤的自燃倾向性。

2.7 煤物理吸附氧与化学吸附氧的区别

化学吸附是煤的物理吸附到化学反应之间的过渡过程,或者叫过渡态。煤自燃过程发生化学吸附的氧气和煤表面结构之间本质上发生了表面化学反应,氧原子与煤结构中的原子间发生了电子转移,且以相似于化学键的表面键力相结合。化学吸附本身是一种化学反应,化学吸附热与化学反应热相似[40]。

煤氧化学吸附就是煤活性结构的电子进入氧分子未成对电子的轨道中,形成较稳定的体系,同时放出热量的过程。

产生化学吸附的作用力是化学键力。在化学吸附的过程中可以发生电子的转移、原子的重排、化学键的破坏与形成等过程。

物理吸附和化学吸附具有许多不同之处,如表 2-5 所示。

表 2-5 物理吸附与化学吸附比较

吸附特性	物理吸附	化学吸附
吸附力本质	范德瓦耳斯力	化学键力
吸附热/(kJ/mol)	10～20	数百
活化能	一般不需要	必要
吸附速率	快	慢
吸附温度	较低,气体在沸点附近就能吸附	较高,比沸点高的温度
吸附层	可形成多分子层	只能形成单分子层
选择性	没有	有
可逆性	可能	一般不可能

氧在煤体表面(包括内表面和外表面)上的化学吸附可以表示为:

$$2Coal_{表} + O_2 \Longrightarrow 2(Coal_{表}\text{-}O)$$

其焓变为:

$$\Delta H_{吸附} = D_{O_2} - 2x$$

其中,D_{O_2} 为氧分子的解离能,493.6 kJ/mol;x 为 Coal-O 表面键的结合能,由于煤体表面结构的复杂性,该结合能随氧原子结合处的不同情况而不相同。

根据恒温恒压下热力学的自由能基本公式和自由能降低原理,上述吸附反应发生的条件是 $\Delta G = \Delta H - T\Delta S$ 为负值。对大多数吸附来说,三维空间运动的分子变成局限于二维表面时,运动自由度的减少导致熵变为负值。所以,通常 ΔG 为负值,即化学吸附一般是放热的。此时 $x > D_{O_2}/2$,就会发生可测量的化学吸附。

化学吸附总是单分子层的。若将固体物质切出一新剖面,其表面上原有的化学键被破坏而形成剩余的价键结合力,它只与直接接触的单分子层起作用。煤表面某一结构与氧原子形成一对粒子间所生成的化学键键合势能,可借用一近似描述的 Morse 势能函数经验方程来表示:

$$U(r) = D_e \{1 - \exp[-a(r - r_e)]\}^2 \tag{2-24}$$

式中，D_e 为吸附剂表面粒子将吸附质粒子键合一起的势阱深度，即一孤对粒子从无穷远至键合粒子间平衡距离 r_e 的结合能；r 为孤对原子中表面一原子与氧原子间的距离；a 为双原子分子的弹力常数。

2.8　煤低温氧化耗氧量测试研究

实际上，煤动态物理吸附氧气的总量总是与煤低温氧化过程消耗的氧气量相等。煤物理吸附氧气和化学吸附氧气的测试一直是研究煤自燃特性的一个热点问题[50-51]。仅仅测试煤静态物理吸附氧气量可以采用色谱吸附氧气的方法[16-17]，但是比较准确测定煤低温氧化过程的氧化反应耗氧量是比较困难的，过去一般采用让流态空气（或者一定浓度的氧气）通过煤体，测试流态氧气浓度的变化来求得煤的氧气消耗量[52-53]。但是煤低温氧化消耗氧气量特别微小，特别是在 $60 \sim 80$ ℃以下，往往检测不到流态氧气浓度的变化量，即使能够检测到变化量，其误差也是比较大的。本书将采用一种静态氧化方法来测试煤低温氧化过程的总耗氧量，以此来考察煤的低温氧化特性。

在同一条件下对比煤在低温氧化阶段的耗氧量，可以对比煤的自燃倾向性强弱。煤自燃两个主体是煤和氧，由于煤的结构的复杂性和多样性，我们可以将煤与氧气的反应看作一个总包反应。氧气的结构简单且具有同一性，同时，煤每消耗 1 mol 的氧气产生的热量也是大体相等的，那么同样质量的煤，低温氧化情况下消耗氧气的量越多，产生的热量越大，也就越容易自燃，其自燃倾向性就越强。因此，我们可以从消耗氧气量来粗略快速判断煤的自燃倾向性。这也是测试煤低温氧化消耗氧气量的意义所在。

2.8.1　煤低温氧化过程模型

在充分考虑煤低温氧化的氧气消耗过程的动态特性的基础上，煤低温氧化过程模型可以作如下表示：

$$\text{Coal} + \text{O}_2 \Longleftrightarrow 物理吸附\ \text{O}_2 + H_P$$
$$\downarrow$$
$$化学吸附\ \text{O}_2 + H_C$$
$$\downarrow$$
$$煤与氧反应 \longrightarrow \text{CO}、\text{CO}_2、\text{H}_2\text{O}、烃类等气体 + \text{Coal-O} + H_R$$

总的反应：　　$\text{Coal} + \text{O}_2 \longrightarrow \text{Coal-O} + H_P + H_C + H_R + 气体产物$

其中，H_P 为物理吸附热；H_C 为化学吸附热；H_R 为化学反应热。

煤低温氧化过程先发生物理吸附，释放出物理吸附热，物理吸附热促使形成化学吸附并释放化学吸附热，化学吸附之后发生化学反应，化学反应会释放出相较物理吸附和化学吸附更高的化学反应热。

2.8.2　煤低温氧化耗氧量静态测试系统

煤低温氧化耗氧量静态测试方法的基本思路是将一定粒度的煤置于一封闭充满一定浓度氧气的空间内，并对该空间进行温度控制使煤氧化，然后测试封闭空间的氧气浓度的变化量,以此测试出煤低温氧化耗氧量。由于封闭空间体积相对较小,氧气量也就较小,煤消耗比较小的氧气量能够检测到(可以调节煤样量使氧气浓度变化范围适度),特别是低温氧化阶段。

煤耗氧量静态测试系统如图 2-14 所示。在一蒸馏烧瓶(容积 1 000 mL)内充满空气,将煤样置于烧瓶内,在烧瓶的支管处连接一耐高温(耐 200 ℃以上)气样采集袋,其作用有二:一是可以采集气样;二是在烧瓶内气体受热膨胀体积变大时部分气体可以进入采集袋,从而使烧瓶内的气体压力保持不变。风扇可以使温度控制箱体内的温度比较均匀。可以用色谱进行气体分析,在条件允许的情况下,也可以将温度探头置于烧瓶内实时采集氧气浓度变化数据。

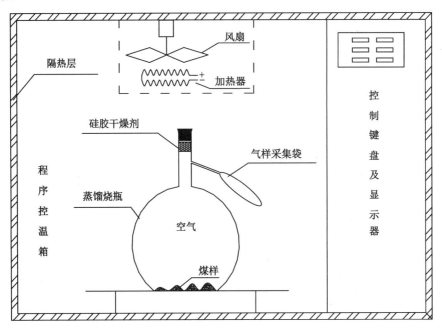

图 2-14　煤耗氧量静态测试系统

2.8.3　耗氧量测试过程与结果

选取一定量一定粒度不同种类的煤样,在不同环境温度、不同升温方式以及不同氧化时间等测试条件下,进行耗氧量测定。

1) 不同煤种 100 ℃恒温氧化 1 h 耗氧量

对北皂褐煤、柴里气煤、李一气肥煤、潘一肥煤和百善无烟煤五个不同煤种(工业分析与元素分析结果如表 2-3 所示)的煤进行低温氧化耗氧量测试。煤样粒度为 80～120 目(0.20～0.125 mm),煤样量为 40 g,空气量为 1 000 mL(即烧瓶容积,忽略温度膨胀体积变化),在环境温度为 70 ℃的情况下恒温氧化 1 h 后测试烧瓶内氧气浓度,根据氧气浓度变化量求得耗氧量,结果如表 2-6 所示。

表 2-6　70 ℃恒温氧化 1 h 煤氧化耗氧量

煤样	起始氧浓度/%	终点氧浓度/%	氧浓度差/%	耗氧量/(mL/g)
北皂褐煤	20.90	16.67	4.23	1.06
柴里气煤	20.90	17.91	2.99	0.75
李一气肥煤	20.90	18.20	2.70	0.68
潘一肥煤	20.90	18.51	2.39	0.60
百善无烟煤	20.90	19.89	1.01	0.25

2）不同温度恒温 1 h 煤氧化耗氧量

选用柴里气肥煤作为测试煤样,分别在 40 ℃、70 ℃、100 ℃、130 ℃、160 ℃和 190 ℃情况下恒温 1 h,耗氧量测试结果如表 2-7 所示。测试煤样量 40 g,粒度 80～120 目(0.20～0.125 mm),静态空气量 1 000 mL。

表 2-7　不同温度恒温 1 h 煤氧化耗氧量

温度/℃	起始氧浓度/%	终点氧浓度/%	氧浓度差/%	耗氧量/(mL/g)
40	20.90	20.62	0.28	0.07
70	20.90	17.91	2.99	0.75
100	20.90	13.32	7.58	1.90
130	20.90	11.01	9.89	2.47
160	20.90	9.49	11.41	2.85
190	20.90	8.97	11.93	2.98

由图 2-15 可以看出,随温度上升煤的耗氧量明显增大,并且在氧气浓度大于 13％时耗氧量随温度升高快速增加。

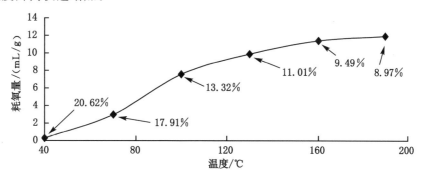

图 2-15　煤氧化耗氧量随温度的变化趋势

3）不同氧化时间煤氧化耗氧量

选用柴里气肥煤作为实验煤样,分别在 70 ℃情况下恒温氧化 10 min、20 min、40 min、60 min、90 min 和 120 min,获得不同氧化时间煤氧化耗氧量,结果如表 2-8 所示。测试煤样量 40 g,粒度 80～120 目(0.20～0.125 mm),静态空气量 1 000 mL。

表 2-8　不同氧化时间煤氧化耗氧量

氧化时间/min	起始氧浓度/%	终点氧浓度/%	氧浓度差/%	耗氧量/(mL/g)
10	20.90	19.62	1.28	0.32
20	20.90	18.91	1.99	0.50
40	20.90	18.03	2.87	0.72
60	20.90	17.91	2.99	0.75
90	20.90	17.87	3.03	0.76
120	20.90	17.76	3.14	0.78

由图 2-16 可以看出,随氧化时间增加,煤的耗氧量逐渐增大,即煤的氧化程度逐渐增大;当氧化时间达到 40 min 以后(就本次实验条件而言),耗氧量增加不明显,这说明煤在这种环境下已经比较充分地被氧化了。

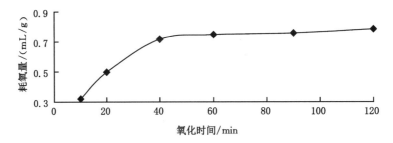

图 2-16　不同氧化时间煤氧化耗氧量变化趋势

第 3 章　煤自燃过程绝热氧化模拟

对煤自燃的实验研究可以分为两大类:一类是煤自燃过程模拟研究,用来模拟在破碎有氧环境下煤氧化升温过程和各种内外因素的影响,包括大型、中型和小型实验模拟;另一类是非模拟研究,这些方法有早期的着火点法、双氧水氧化法,以及后来的程序升温法、交叉点温度法[3,12]、静态和动态吸氧量法[16-17]。在大中型模拟实验[13,32,54-55]中,所需煤样量为数百数千克,有的甚至达数吨、数十吨,测试一个煤样往往需要数天、数十天甚至数月的时间。模拟实验成功率低,主要原因是绝热条件得不到很好的保证。因此,从研究煤炭自燃特性及相关参数测试方便快捷准确的角度来看,研制小型的绝热程度高的煤自燃过程模拟系统显得尤为必要。

3.1　煤绝热氧化理论

煤氧化过程中热量的散失主要是由煤所接触的环境因素所决定的,而煤的氧化能力,或者说其自燃倾向性则是煤本身具有的特性。绝热氧化法就是尽量消除环境散热对煤氧化升温的影响,将煤产生的微小热量通过绝热装置和绝热措施保留在煤样中,煤样仅仅因为自身产生并积聚的热量而导致温度上升,以此来研究煤自燃特性的一种实验方法。

煤自燃绝热研究方法最早由 J.D.Davis 等在 1924 年提出[56],直到 20 世纪 70 年代这一研究并没有得到应有的重视。但在最近数十年里,绝热氧化法被广泛用来研究煤的低温氧化和自燃特性[13,20-23,27,32-33,55-57]。但是,这些绝热氧化实验并没有使煤样温度达到很高,由的甚至只上升了几摄氏度,这就表明其采取的绝热装置和绝热措施不理想。这样的绝热氧化实验,其数据显然是不可靠的,特别是大型模拟自燃实验往往不能成功,并且测试所得温升曲线不能很好代表煤的自燃特性,这是因为测试时间长、绝热程度不高导致煤产生的热量不同程度地向环境散失,而这部分热量一般无法得知。笔者采用的小煤样综合绝热氧化法模拟煤自燃过程的实验仅需要 100 g 左右煤样,测试时间短的为数小时,长的为数十小时。在尽量不使热量从煤样罐内散失的同时,该实验系统也确保了环境不向煤样加热。

3.1.1　煤自燃动力学方程

如前所述,煤自燃是氧化产热及与环境进行热交换的矛盾发展过程,因此可以用带内热源项(氧化产热项)的热平衡方程[58-60]并加入水分和对流换热的影响作为煤自燃过程的基本动力学方程:

$$(\rho c_{\mathrm{p}})_{\mathrm{Coal}}\frac{\partial T}{\partial t}=k\,\nabla^2 T-(\rho c_{\mathrm{p}})_{\mathrm{Oxygen}}v\,\frac{\partial T}{\partial x}-H_{\mathrm{w}}\frac{\mathrm{d}C_{\mathrm{w}}}{\mathrm{d}t}+Q\rho A\,\mathrm{e}^{-E/(RT)} \qquad (3\text{-}1)$$

式中,c_p 为比热容,J/(kg·K);ρ 为密度,kg/m³;T 为温度,K;t 为时间,s;k 为导热系数,W/(m·K);v 为氧气在煤样中的流速,m/s;x 为距离,m;Q 为标准状态下单位质量煤的氧化热,J/kg;A 为指前因子,在这里表示单位时间内单位质量煤消耗的氧气量,L/s;E 为活化能,J/mol;H_w 为干燥热或湿润热,J/m³;C_w 为煤的含湿量,%;dC_w/dt 为干燥或者湿润速率,L/s。

式(3-1)等号左边项为热能的变化量;等号右边的 4 项中,第 1 项到第 3 项分别为传热项、对流换热项和水分蒸发热或者湿润热,这 3 项都是影响煤自燃的外在因素;第 4 项是煤低温氧化产热的动力学表达式,也是煤低温氧化过程煤体温度不断上升的内在动力。

3.1.2　煤绝热氧化动力学方程

由于煤低温氧化过程产生的热量非常微弱,只有将这微小的热量尽可能保留在煤体中,才能使模拟煤自燃过程成功,最理想的状态就是尽量使煤低温氧化强度最大,而产生的热量又完全保留在煤体中不向环境散失,所有绝热氧化模拟煤自燃的装置都是基于上述思想研制的。在鉴定过程中可以采取措施(在装置部分进行叙述)尽可能消除外在因素的影响(即热传导、对流换热和水分的影响),就得到式(3-2):

$$(c_p)_{coal}\frac{\partial T}{\partial t} = QA\,e^{-E/(RT)} \tag{3-2}$$

该方程表示在与环境完全绝热情况下煤的低温氧化能力,是一种极限理想状态下的情况。

3.2　煤绝热氧化实验系统

根据煤绝热氧化动力学方程的要求,绝热氧化法模拟煤自燃过程的关键技术就是对煤低温氧化过程绝热[21-22]。

3.2.1　绝热氧化装置

模拟煤自燃过程的绝热氧化模拟系统如图 3-1 所示,图 3-2 为绝热煤样罐,图 3-3 为装置实物外观图,图 3-4 为装置实物内部构造图。

煤自燃绝热氧化模拟系统由预热气路、绝热煤样罐、程序控温箱、温度控制系统与数据采集系统组成。预热气路对进入绝热煤样罐的气体进行预热。程序控温箱由不锈钢内壁、外加石棉保温层制作的箱体(正前方开门)组成,用于放置绝热煤样罐、预热气路等。程序控温箱在温度控制系统的控制下,实现箱体内空间环境在某一温度恒温或对煤样内的温度进行跟踪升温。程序控温箱内有一加热器用于对箱体内部环境加热,并有一风扇强制温度控制箱内的气体对流,使箱体内部温度均匀。

煤样温度和箱体内环境温度由数据采集系统按照温度-时间关系进行采集和显示,如图 3-5 所示。图 3-6 为数据采集系统硬件外观,图 3-7 为数据采集系统框图。硬件是该系统的基础,主要完成多路模拟数据的采集和与上位机的数据通信。软件功能包括采集通道选择,PC 机通信口选择,数据采集频率设置,采集数据文件命名,对采集的数据进行数字和图形的双重实时显示,采集数据保存,提供人机操作界面等。

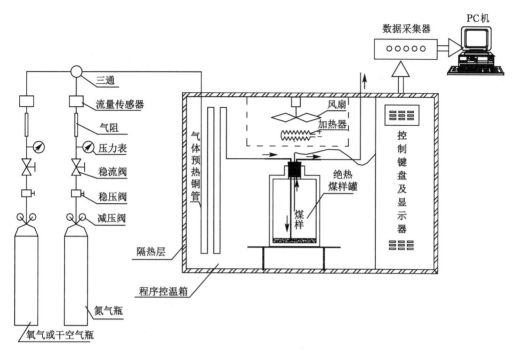

图 3-1　煤自燃绝热氧化模拟系统

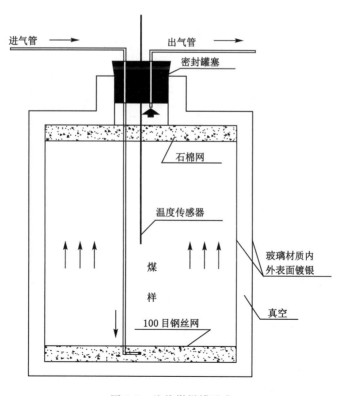

图 3-2　绝热煤样罐示意

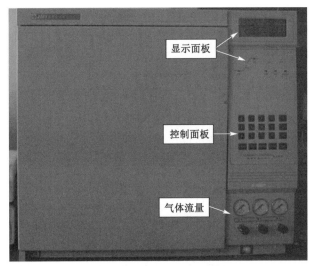

图 3-3 装置实物外观图

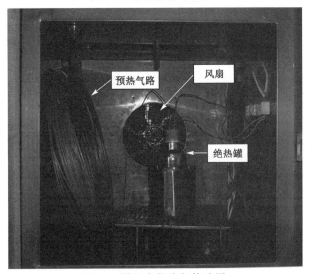

图 3-4 装置实物内部构造图

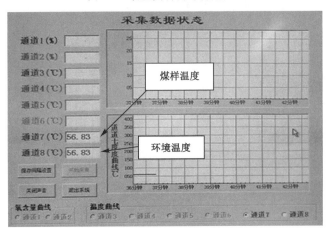

图 3-5 数据采集系统软件窗口

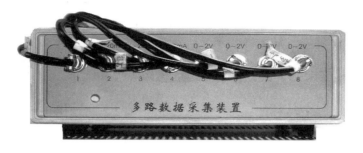

图 3-6　数据采集系统硬件外观

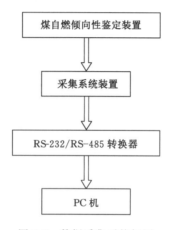

图 3-7　数据采集系统框图

3.2.2　综合绝热措施

为了达到对煤样氧化过程最好的绝热性而采取的绝热措施主要有:

(1) 跟踪温度控制。程序控温箱内部环境温度始终跟踪煤样内的温度而上升,使煤低温氧化系统与环境之间温度差值尽可能小,从而使煤低温氧化产生的热量尽可能不向环境散失。本实验中始终使箱体内的环境温度跟踪煤样温度上升而上升(使环境温度与煤样温度一直保持一致,即 0 ℃跟踪)。

(2) 使用绝热煤样罐作为煤低温氧化反应器。如图 3-2 所示,绝热煤样罐采用杜瓦瓶绝热形式,为双层石英玻璃构造,内外表面光洁并镀银防止热辐射,中间抽真空防止气体对流换热,采用石英玻璃材质和双层构造有效减少了传导传热。绝热煤样罐容积为150 mL,在实验过程中煤样罐内煤样各点的温度相差很小,可视为均匀温度场。在煤样几何中心位置放置一温度探头,进气管口位于煤样底部,出气管口位于煤样顶部。煤样底部和上部的石棉网也可有效滞留煤氧化产生的热量,并且有助于气流的均匀流动,防止煤样进入气路。

(3) 采用预热气路。进入煤样罐内的气体先经过盘绕在炉膛内的 30 m 长外直径为 2 mm、内直径为 1 mm 的纯铜材质预热气路,使气流温度与炉膛内的温度(也即煤样温度)几乎完全一致。由于进入煤样内气流温度与煤样温度一致,气流对流换热可忽略不计。

在保证煤样内的热量不向环境散失的同时,也需保证环境不向煤样加热。在煤样温度分别为 40 ℃、50 ℃、60 ℃ 和 70 ℃ 情况下对煤样通氮气(氮气与煤不发生氧化反应,不释放热量)进行 0 ℃ 跟踪升温 5 h,煤样温度恒定不变。通过实验证明了在进行跟踪升温时环境不向煤样传热,从而保证了煤低温氧化过程的绝热性。

3.3 实验过程与结果

3.3.1 煤样制备与实验过程

按照煤样取样方法[61],将采集的块状新鲜煤破碎,筛分出 40~80 目(0.45~0.20 mm)煤粒 100 g 作为实验煤样。选取北皂褐煤、柴里气煤、李一气肥煤、潘一肥煤、百善无烟煤(煤样分析结果如表 2-3 所示)五种不同变质程度煤进行实验。

按照图 3-2 所示布置方式布置好煤样罐,将 100 g 煤样装入绝热煤样罐内,连接好气路和温度传感器后,先对煤样罐通入氮气,并检查气路的气密性,然后将程序控温箱内温度恒温 105 ℃ 对煤样干燥 5 h(消除煤低温氧化过程中外在水分对煤氧化产热的影响)。干燥后在氮气保护下使煤样温度降低到实验起始温度 40 ℃ 时,立刻将氮气切换为氧气,并将程序控温箱内的温度控制方式改为 0 ℃ 跟踪控制,同时启动数据采集系统采集煤样的温度,并对环境温度进行监测。

3.3.2 绝热氧化温升曲线

通过上述方法和步骤进行实验,得到如图 3-8 所示原始实验数据,即煤绝热氧化过程温升曲线。

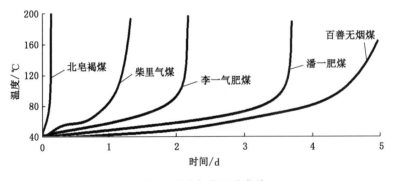

图 3-8 绝热氧化温升曲线

由图 3-8 可以看出,北皂褐煤温度达到 200 ℃ 用时最短,柴里气煤、李一气肥煤、潘一肥煤、百善无烟煤用时依次增加。可以初步得出这五种煤样的自燃倾向性强弱依次为:北皂褐煤＞柴里气煤＞李一气肥煤＞潘一肥煤＞百善无烟煤,但是还不能对其自燃倾向性进行定量表述及分类,对煤自燃倾向性详细的论述见第 7 章。

第 4 章　煤自燃特性程序升温与参比氧化研究

　　煤自燃是煤本身氧化释放热量,并由于向环境散失热量的速率小于产生热量的速率,煤体内的热量不断积累导致煤体温度不断上升而达到煤的着火点发生燃烧。从该定义得出,有两个方面同时对煤自燃过程产生影响:一是煤要氧化产生热量;二是环境具有一定的绝热性。如果环境散失热量的能力比较强,那么煤低温氧化过程产生的微小热量就极易散失,不能够导致煤体温度上升,煤也就不能发生自燃。绝热氧化测试将煤的氧化系统与环境的影响尽量分隔开来,特别是对绝热性的要求非常之高。但在某些情况下,并一定需要完全模拟出煤的自燃过程,就可以确定煤自燃过程的某些特性,如各种外部条件对煤自燃过程的影响,如果用绝热氧化实现这些测试会比较困难,而且耗时过多,采用程序升温在测试的方便性与快捷性方面有明显的优越性,采用煤自燃特性参比氧化法能较好地考察环境因素对煤自燃特性的影响。

4.1　程序升温法研究煤自燃特性

　　中国矿业大学煤炭资源与安全开采国家重点实验室研制出了基于程序控温的煤自燃特性程序升温测试系统。该系统如图 4-1 所示,系统内部实际情景如图 4-2 所示,分别由预热气路、传热煤样罐、程序控温箱、温度控制系统与数据采集系统组成。

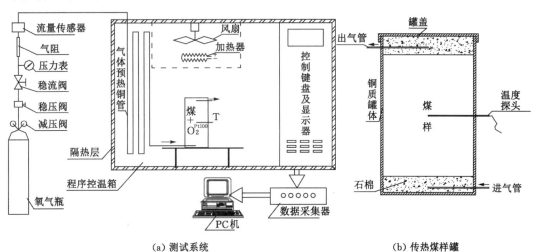

（a）测试系统　　　　　　　　　　　　　　（b）传热煤样罐

图 4-1　煤自燃特性程序升温测试系统

图 4-2　煤自燃特性程序升温测试系统内部情景

　　预热气路系统可以分别对传热煤样罐供经过预热的氧气(或者空气与氮气)。程序控温箱在温度控制系统的作用下能够实现在某一温度恒温和编程升温。温度控制箱内有一加热器,并有一风扇强制温度控制箱内的气体对流,使温度控制箱内的温度均匀。传热煤样罐如图 4-1(b)所示,为圆柱形,铜质,内高 10 mm,内直径 45 mm,壁厚 1 mm,这样设计是为了便于环境传热给煤样。传热煤样罐内几何中心位置置一直径为 2 mm 的铂电阻温度探头探测煤样温度。煤样的温度和煤样罐外环境温度(即程序升温温度)由数据采集系统(见第 3 章图 3-5 至图 3-7)按照温度-时间关系进行采集和显示。

　　利用程序升温的方法可以初步考察煤低温氧化特性和自燃倾向性。对北皂褐煤、柴里气煤和百善无烟煤三个不同变质程度的煤进行了程序升温氧化实验。实验过程让传热煤样罐所处的温度控制箱内的环境温度以 1 ℃/min 升温速率上升,煤样量为 50 g,通过煤样罐内的空气流量为 50 mL/min,获得煤在程序升温条件下的温升曲线,如图 4-3 所示。

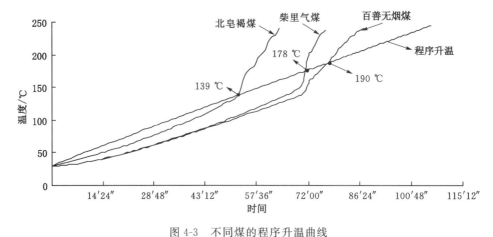

图 4-3　不同煤的程序升温曲线

　　由图 4-3 可以看出,煤样温度与程序升温(环境温度)有一个交叉点,北皂褐煤在本次实验条件下为 139 ℃,柴里气煤为 178 ℃,百善无烟煤为 190 ℃。在同样实验条件下,可以初步比较出不同煤氧化能力和产热能力的差异。在实验过程中煤样温度上升是煤本身氧化产热和环境传热两部分热量作用的结果。在交叉点温度前环境温度高于煤样温度,环境向煤样加热和煤样氧化产生热量使煤样温度升高;在交叉点温度后环境温度低于煤样温度,煤样氧化产生的热量一部分使煤样温度上升,另外一部分要向环境散失。当然,可以建立数学模型分别计算环境向煤样的传热量和煤样产生热量随温度的变化关系,这将在 4.2 节进行研究。

4.2　参比氧化法研究煤低温氧化特性

煤低温氧化研究方法中,模拟煤自燃过程有大型实验模拟[13,32,55,62]、中型实验模拟[32]和小型实验模拟[21,23]。非过程模拟研究还有热分析方法[63]、基于 F-K 模型的网篮实验法[64],当然还包括基于程序升温的其他方法[65]。热分析方法一般对高温阶段比较有效,而对煤低温氧化特别关注的低温阶段极其不敏感。F-K 模型实验是在某一环境温度下进行的,不能够很好反映出煤低温氧化的过程特征。如果对一个煤样罐内通入氧气使煤样氧化升温,对另外一个煤样罐内通入氮气,煤在氮气作用下不氧化,不放出氧化热,只是作为氧化煤样罐的参比物,可以更好地对煤的低温氧化特性进行研究,并能够定量计算煤低温氧化过程的特征参数,可克服一般程序升温不能很好地定量研究的不足。文献[65]也采用参比氧化方法,但是实验数据显然是不正确的。其原因是,煤氧化是放热反应,在其他条件完全一样的情况下,通入氧气的煤样罐由于煤氧化产生热量而使其温度始终大于通入氮气的煤样罐的温度,但是该文献中的两个罐内的温度-时间曲线却相互交叉,这显然不符合实际情况。绝热氧化模拟不能够很好考察环境因素对煤自燃过程的影响,而参比氧化法能够很好地弥补这一点。

4.2.1　参比氧化法模型

煤低温氧化为一放热系统,同时环境可能向该系统传入热量(环境温度高于系统温度),系统也可能向环境传出热量(系统温度低于环境温度);进入系统的流体(包括氧气、氮气和水分等)可以将热量带入或者带出系统,因此参比氧化法可以简化为如图 4-4 所示的模型。

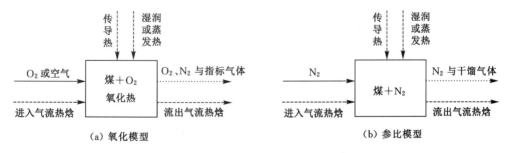

图 4-4　参比氧化法模型

通入氧气的煤样罐的热平衡方程[60]为：

$$\rho_{\text{coal}} c_{\text{coal}} \frac{\partial T_1}{\partial t} = -\lambda \frac{\partial^2 T_1}{\partial x^2} - \rho_{O_2} c_{O_2} v_{O_2} \frac{\partial T_1}{\partial V} + Q_{\text{gen}} - H_w \frac{dC_w}{dt} \qquad (4\text{-}1)$$

式中，ρ_{coal} 为煤样的密度，kg/m^3；c_{coal} 为煤样的比热容，$J/(kg \cdot K)$；T_1 为氧化煤样罐中心点温度，K；t 为时间，s；x 为距离，m；λ 为导热系数，$W/(m \cdot K)$；ρ_{O_2} 为氧气在常压常温下的密度，kg/m^3；c_{O_2} 为氧气的比热容，$J/(kg \cdot K)$；v_{O_2} 为氧气在煤样中的流速，m/s；Q_{gen} 为单位煤样的氧化产热速率，W/m^3；V 为煤样体积，m^3；H_w 为 1 mol 水分的湿润热或者蒸发热，$J/(mol \cdot m^3)$；C_w 表示水分的物质的量，mol。

式(4-1)等号左边表示单位煤样热焓变化率；右边第 1 项为单位煤样热传导速率，第 2 项为单位煤样对流换热速率，第 3 项为单位煤样氧化产热速率，第 4 项为水分湿润或者蒸发使单位煤样热焓变化率。

通入氮气的煤样罐的热平衡方程为：

$$\rho_{\text{coal}} c_{\text{coal}} \frac{\partial T_2}{\partial t} = -\lambda \frac{\partial^2 T_2}{\partial x^2} + \rho_{N_2} c_{N_2} v_{N_2} \frac{\partial T_2}{\partial V} - H_w \frac{dC_w}{dt} \qquad (4\text{-}2)$$

式中，T_2 为通入氮气煤样罐内煤样的温度，K；ρ_{N_2} 为氮气在常压常温下的密度，kg/m^3；c_{N_2} 为氮气的比热容，$J/(kg \cdot K)$；v_{N_2} 为氧气在煤样中的流速，m/s。

在不考虑水分影响的情况下，并考虑氧气与氮气的密度和比热容非常接近，在实验过程中始终使 $v_{O_2} = v_{N_2} = v$，于是由式(4-1)和式(4-2)就可以得到煤氧化过程的产热速率：

$$Q_{\text{gen}} = \rho_{\text{coal}} c_{\text{coal}} \frac{\partial (T_1 - T_2)}{\partial t} + \lambda \frac{\partial^2 (T_1 - T_2)}{\partial x^2} + \frac{\rho_{O_2} c_{O_2} + \rho_{N_2} c_{N_2}}{2} v \frac{(T_1 - T_2)}{V} \qquad (4\text{-}3)$$

$T_1 - T_2$ 为程序升温过程通入氧气煤样罐内煤样温度与通入氮气煤样罐内煤样温度之差，是时间的函数。

4.2.2 实验设备、样品与测试结果

1）参比氧化实验设备

实验设备为中国矿业大学自行研制的煤参比氧化装置，测试系统如图 4-5 所示，分别由气路系统、煤样罐、程序控温箱和温度控制系统与数据采集系统组成。煤样罐为黄铜材质制造的圆柱体[图 4-1(b)]。罐底顶两端分别设进出口，罐中心部位安设一温度探头，探头顶端正好位于煤样罐几何中心。氧化煤样罐和参比煤样罐完全一样。气路系统分为两路：一路向氧化煤样罐供氧气或者空气；另外一路供氮气。在实验过程中，氧气和氮气的体积流量完全一样。在气流进入两煤样罐之前有一长度为 15 m 的外径为 3 mm，内径为 2 mm 的纯铜导气管，其作用是使进入煤样罐内的气体温度与程序控温箱内的温度一致，即预热进入煤样罐内的气体。程序控温箱在温度控制系统的作用下能够实现在某一温度恒温或者按照一定升温速率（比如 1 ℃/min）进行程序升温。程序控温箱内有一加热电阻丝，并有一风扇强制程序控温箱内的气体对流，使程序控温箱内的温度均匀。程序控温箱内的温度和两个煤样罐内煤样的温度由数据采集系统按照温度-时间关系进行显示和采集，采集频率可以设定。

2）实验过程与结果

实验煤样分别为北皂褐煤、柴里气煤、潘一肥煤和百善无烟煤，煤的工业分析和元素分

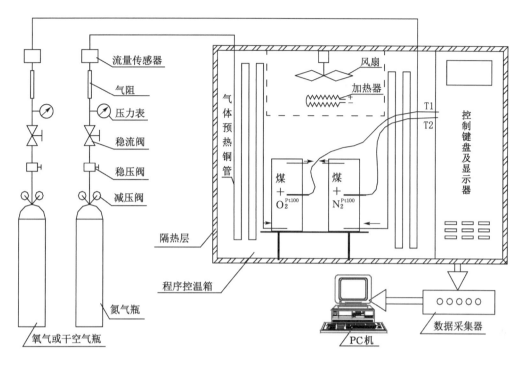

图 4-5　参比氧化测试系统

析结果如表 2-3 所示。在工作面采取约 10 kg 煤块,装入密封袋中防止氧化。在制作煤样时,取 1 kg 左右小煤块根据实验要求粉碎至一定粒度。

实验一般过程:称取完全一样质量、粒度和湿度的煤样分别装入两个煤样罐,连接好气路和温度传感器后,先对两个煤样罐通入氮气,并检查气路的气密情况,恒温到实验起始温度后,立刻将其中一路氮气切换为氧气或者空气,并将程序控温箱内的温度改为程序控温方式,设定程序升温速率为 1 ℃/min,同时启动数据采集系统采集炉腔温度以及氧化煤样罐、参比煤样罐内煤样温度,还可以对氧化煤样罐内出来的气体进行指标气体检测。

将褐煤、气煤、肥煤和无烟煤四种煤样进行破碎并筛取出 40～80 目(0.45～0.20 mm)煤样作为实验煤样,先在氮气保护下进行干燥,并记录干燥前后的质量,再称取两个 60 g 煤样分别装入氧化煤样罐和参比煤样罐进行实验,氧化煤样罐内通入 100 mL/min 的氧气,参比煤样罐内通入 100 mL/min 的氮气,然后按照一般实验过程进行实验。得到如图 4-6 所示的参比氧化实验数据。

4.2.3　计算与讨论

1) 交叉点温度

交叉点温度是指氧化煤样温度与环境温度交叉时的温度,由图 4-6 可以得出实验煤样的交叉点温度,如表 4-1 所示。

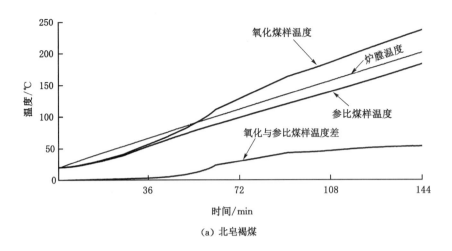

（a）北皂褐煤

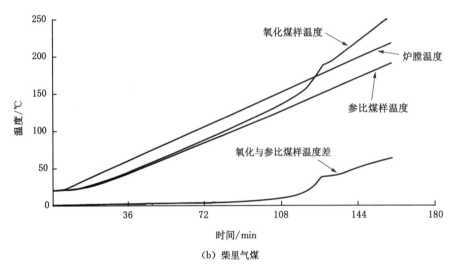

（b）柴里气煤

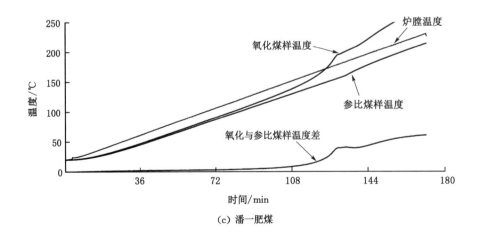

（c）潘一肥煤

图 4-6　不同煤样参比氧化实验结果

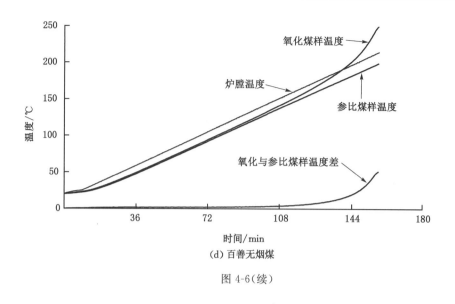

(d) 百善无烟煤

图 4-6(续)

表 4-1　交叉点温度

煤样	北皂褐煤	柴里气煤	潘一肥煤	百善无烟煤
交叉点温度/℃	91	170	172	191

　　交叉点温度可以用来比较氧化热量积累的程度,也就可以用来比较煤的低温氧化能力,可以粗略比较煤的自燃倾向性,即交叉点温度越低,煤的自燃倾向性越强。由表 4-1 可以看出,实验煤样中褐煤的交叉点温度远远小于其他三个煤样,因此该煤样的低温氧化能力要远远强于其他三个煤样。柴里气煤和潘一肥煤均为烟煤,其氧化能力相当接近。百善无烟煤的交叉点温度最高。但是交叉点温度不能够完全说明低温阶段,特别是在 100 ℃ 情况下煤的氧化能力。

　　2) 各煤样程序升温氧化煤样罐内煤样温度

　　由图 4-7 可看出,褐煤程序升温氧化曲线要高于其他三个煤样氧化曲线,可以充分说明其氧化能力高于其他三个煤样。而对于交叉点温度比较接近的其他三个煤样来说,其程序升温氧化曲线却并不按照交叉点温度的大小顺序排列,交叉点温度比较高的无烟煤氧化曲线高于气煤和肥煤的氧化曲线,肥煤的氧化曲线又高于气煤的氧化曲线。这就说明不同煤样在低温氧化阶段的氧化能力随着温度而变化,在某一阶段氧化能力可能较强,而在另外某一阶段可能相对较弱。从氧化煤样温升曲线可以看出,褐煤在 150 ℃、气煤在 160 ℃ 和肥煤在 170 ℃ 左右有一个比较明显的转折点,这是由于供氧量不足导致氧化升温速率下降,无烟煤在实验温度段还没有表现出供氧不足的现象,这可以说明该无烟煤氧化过程需氧量相对较少。另外,褐煤在 110 ℃ 左右还有一个转折点,其原因是褐煤氧化过程产生大量的内在水分影响了氧化升温过程。

　　3) 各煤样相对氧化升温曲线和相对氧化升温速率曲线

　　相对氧化升温曲线,即程序升温氧化煤样温度与参比煤样温度差值与时间的变化关系曲线,如图 4-8 所示。由图 4-8 可以看出,曲线的排列顺序比较复杂,特别是在低温阶段,呈

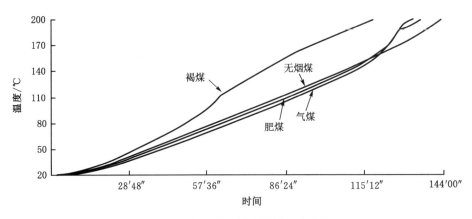

图 4-7　氧化煤样罐内煤样温升曲线

现互相交叉状态,但总体上与交叉点温度一致,即交叉点温度越低的煤样其相对氧化升温曲线越高,而与氧化煤样温度排列顺序不完全相同。这证明了煤低温氧化特性的复杂性和非线性。

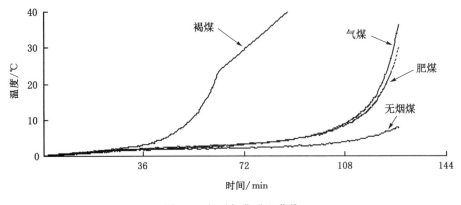

图 4-8　相对氧化升温曲线

相对氧化升温速率即将相对氧化升温曲线对时间求导,获得如图 4-9 所示的相对氧化升温速率曲线。从该图上我们就能够比较明显地看出褐煤、气煤和肥煤氧化供氧不足的转折点了。

4）氧化产热速率

根据式(4-3)可以计算出煤低温氧化过程产热速率 Q_{gen}。

式(4-3)等号右边第 1 项中 $\dfrac{\partial(T_1 - T_2)}{\partial t}$ 为相对氧化升温速率(数据见图 4-9)。

式(4-3)右边第 2 项热传导项,按照同轴圆柱体的热传导过程进行计算[60],因此有:

$$\lambda \frac{\partial^2 (T_1 - T_2)}{\partial x^2} = - \frac{2\pi l (T_1 - T_2)}{\left[\dfrac{1}{\lambda_{黄铜}} \ln\left(\dfrac{r}{r'}\right) + \dfrac{1}{\lambda_{煤}} \ln\left(\dfrac{r'}{r''}\right)\right] V} \tag{4-4}$$

式中,$\lambda_{黄铜}$ 为黄铜材质的导热系数,109 W/(m·K);$T_1 - T_2$ 为氧化煤样与参比煤样温度差

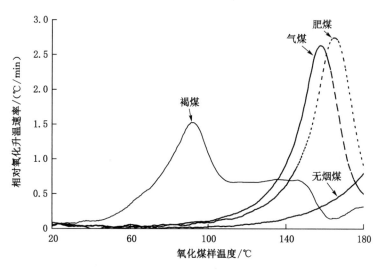

图 4-9 相对氧化升温速率曲线

（数据见图 4-8），K；r 为铜罐外径，m；r' 为铜罐内径，m；r'' 为温度探头附近的均匀温度场半径，取 1 mm；l 为煤样在煤样罐内高度，m；V 为煤样体积，m³。

式(4-3)等号右边第 3 项中 $\rho_{O_2}=1.429$ kg/m³，$c_{O_2}=917$ J/(kg·K)，$\rho_{N_2}=1.251$ kg/m³，$c_{N_2}=1\,039$ J/(kg·K)[66]，$v=100$ mL/min。

根据上述计算方法，求得各煤样参比氧化产热速率，如图 4-10 所示。

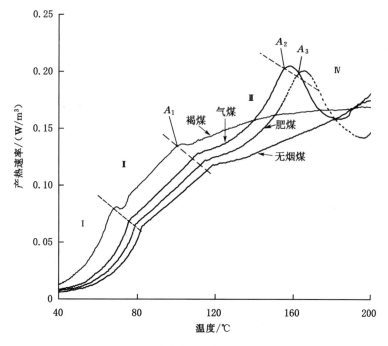

A_1,A_2,A_3—富氧氧化到贫氧氧化的转折点。

图 4-10 煤参比氧化产热速率

由图 4-10 可以得出结论,煤低温氧化过程产热速率的变化明显具有阶段性,也就是煤的自燃阶段具有阶段性。第Ⅰ阶段从环境温度到 70～80 ℃,这一阶段氧化产热速率加速增加,这是因为在这一阶段存在三种产热方式,即物理吸附放热、化学吸附放热和化学反应放热,这三种产热效应的叠加使得总的产热速率加速增加,化学反应的作用在此阶段还不是很明显。第Ⅱ阶段从 70～80 ℃到煤的内在水分开始影响煤的氧化(由于对煤样在 105 ℃进行了充分干燥,煤的外在水分的影响还没能得以体现),该阶段产热速率随温度的升高几乎线性增加,这是因为该阶段主要是化学反应产生热量,而物理吸附和化学吸附作用产热相对较少,检测中发现煤的指标气体,开始出现 CO。从内在水分影响到贫氧氧化阶段为第Ⅲ阶段(本实验中褐煤外在水分影响点与贫氧氧化转折点重合,并且由于褐煤所含的内在水分量大,该褐煤在该点后表现出来的氧化产热速率增加缓慢),该阶段开始时受内在水分影响比较明显,产热速率增加变缓。第Ⅳ阶段为贫氧氧化阶段,由于氧气量不足,产热速率增加变慢,甚至开始下降,褐煤出现贫氧氧化的温度低,其后依次为气煤和肥煤,基本与煤变质程度一致。在高温阶段煤氧化过程更加复杂,因此其产热速率的规律性相对较差。

煤自燃过程是热量积累和热量散失的矛盾发展过程。煤的自燃倾向性是煤自燃能力的量度,是煤低温氧化能力的反映,因此在比较煤的自燃倾向性时一般不考虑外在影响因素,即不考虑环境与煤之间的热量交换。因此,比较煤自燃倾向性的比较理想的指标就是煤低温氧化过程的产热速率。由图 4-10 可以看出,四种实验煤样中,显然无烟煤、气煤、肥煤和褐煤的低温氧化产热速率低温阶段(120 ℃以下)在同一温度条件下是逐渐增大的,这就说明其自燃倾向性是递增的。

第 5 章　煤自燃过程宏观特性与微观结构变化

　　煤自燃过程最直接的表现形式是热量的产生并使煤体温度发生改变,而且伴随产生一系列的其他现象和特征,主要有煤体水分蒸发(现场能够观测到挂汗现象),出现浓度不同的烃类气体,CO 和 CO_2 浓度明显上升,氧气浓度下降,达到煤的着火点时煤开始燃烧产生烟雾,这些都能从宏观上感觉或者检测到。

　　与此同时,煤自燃过程中煤体会表现出一系列的微观结构变化。从物理角度来看,孔隙率会在一定程度内增大,煤体会变得越来越疏松,易于挥发的成分释放出来形成新的孔隙,煤表面结构更加易于发生氧化反应;从化学结构变化角度来看,我们知道煤是具有复杂的化学结构的有机岩,在煤体内部和表面都存在大量具有不同活性的活性结构,这些活性结构在不同温度下会与氧气发生氧化。因此,在煤自燃和低温氧化过程中,煤结构中的一些易于氧化的官能团会因为氧化而逐渐减少或者消失,或者生成其他结构。尽管煤的化学结构非常复杂,并且不同煤结构之间还存在不小差异,但是我们可以通过红外光谱检测等手段在统计学意义上定性和定量研究煤自燃过程微观结构的变化[67-73]。

5.1　煤自燃过程宏观特征

　　采用程序升温的方法(见 4.1 节)进行指标气体检测是比较常用的测试方法。研究煤自燃指标气体的方法在实验煤样量、煤的粒度、通入的气体量等方面各不相同,对煤的加速氧化方法也不完全一致,因此测定所得的数据不具备完全的可比性,但指标气体的变化规律基本相同[74-76]。

　　煤低温氧化过程热量的测定和计算一直是比较难以解决的问题,其原因:一是煤低温氧化产生的热量非常微弱;二是在实验过程中向环境散失的热量不易于确定。煤低温氧化过程中热量测试计算最理想的方法是进行绝热氧化模拟,如果绝热性能高,就可以忽略向环境的热损失,这样就可以计算出不同温度煤氧化的产热速率。

5.1.1　指标气体

　　将煤样置于传热煤样罐(见图 4-1)内,升温速率为 1 ℃/min,煤样温度每升高 10 ℃进行一次气体分析。煤样量为 40 g,粒度为 40～80 目(0.45～0.20 mm),通入干空气流量为 100 mL/min。对北皂褐煤、柴里气煤、李一气肥煤、潘一肥煤和百善无烟煤五个煤样进行指标气体和氧气浓度检测,结果见表 5-1 至表 5-5。

表 5-1 北皂褐煤指标气体及氧气浓度随温度的变化情况

温度/℃	O₂浓度/%	指标气体浓度/(×10⁻⁶)							
		H₂	CO	CO₂	CH₄	C₂H₄	C₂H₆	C₂H₂	C₃H₈
20	20.96	0	10	315	0.9	0	0	0	0
30	20.96	0	60	619	1.8	0	0	0	0
40	20.95	0	100	544	4.1	0	0	0	0
50	20.56	0	146	609	3.9	0	0.6	0	0
60	20.53	0	212	660	3.9	0	0.9	0	0
70	19.94	0	287	949	3.5	0	1.1	0	0
80	19.47	0	421	1 349	3.7	0	1.1	0	0
90	19.18	0	439	1 999	3.4	0	1.1	0	0
100	17.73	0	801	3 356	19.1	2.0	0.6	0	0
110	16.39	0	1 360	5 230	16.2	5.0	1.1	0	0
120	14.79	0	2 230	6 967	10.3	5.9	1.7	0	0
130	12.48	0	2 993	10 080	23.2	8.9	2.9	0	0.5
140	11.32	0	4 632	21 870	16.9	17	6.9	0	2.3
150	9.60	3	6 000	27 620	25.1	29	11.5	0	20.8
160	7.68	10	8 730	33 300	50.3	178	31.0	0	48.5
170	5.31	15	10 263	43 700	680.4	396	52.9	0.8	161.5
180	3.05	60	15 560	56 800	1 005.1	466	113.0	1.2	738.5
190	1.13	100	29 630	69 754	2 045.3	640	189.7	3.5	1 107.7
200	0.23	848	42 361	86 390	5 638.9	820	230.0	7.8	1 309.0

表 5-2 柴里气煤指标气体及氧气浓度随温度的变化情况

温度/℃	O₂浓度/%	指标气体浓度/(×10⁻⁶)						
		H₂	CO	CO₂	CH₄	C₂H₄	C₂H₆	C₃H₈
20	20.96	0	0	310	191	0	0.8	0
30	20.96	0	0	598	207	0	1.7	0
40	20.88	0	0	633	48	0	2.9	0
50	20.80	0	0	713	93	0	5.7	0
60	20.60	0	7.5	771	125	0	8.0	0
70	20.52	0	15.6	875	139	0	9.8	0
80	20.44	0	27.8	926	178	0	13.8	0
90	20.30	0	55.0	1 001	189	0	16.1	0
100	20.14	0	104.7	1 381	294	0	24.7	0
110	20.05	0	162.6	1 565	291	0	21.8	0
120	19.41	0	311.8	2 037	337	1.0	37.4	0
130	19.17	0	561.2	2 578	371	1.5	50.6	0

表 5-2(续)

温度/℃	O₂ 浓度/%	指标气体浓度/($\times 10^{-6}$)						
		H_2	CO	CO_2	CH_4	C_2H_4	C_2H_6	C_3H_8
140	18.20	0	705.0	3 084	365	2.0	60.9	0
150	17.80	0	1 209.0	3 959	334	3.0	86.2	6.9
160	16.94	30	2 017.0	5 524	396	5.9	111.5	11.5
170	15.88	40	3 853.0	7 641	405	11.9	124.2	16.2
180	12.70	60	5 383.0	14 362	684	21.8	203.5	36.9
190	10.28	124	6 236.0	17 676	699	25.8	258.7	60.0
200	8.60	126	7 768.3	21 641	755	39.6	248.3	69.2

表 5-3　李一气肥煤指标气体及氧气浓度随温度的变化情况

温度/℃	O₂ 浓度/%	指标气体浓度/($\times 10^{-6}$)						
		H_2	CO	CO_2	CH_4	C_2H_4	C_2H_6	C_3H_8
20	20.96	0	0	126.36	79.0	0	1.2	0
30	20.95	0	0	322.2	102.7	0	2.0	0
40	20.8	0	0	532.6	104.1	0	1.9	0
50	20.75	0	0	528.5	188.7	0	3.6	1.2
60	20.60	0	0	606.4	586.9	0	9.6	1.8
70	20.50	0	3.1	1 128.6	899.8	0	15.9	5.0
80	20.41	0	6.4	1 113.0	533.2	0	9.9	3.1
90	20.32	0	32.4	1 503.8	864.3	0	14.5	4.5
100	20.05	0	26.5	881.4	2 532.8	0	48.9	15.2
110	19.43	0	77.1	1 371.0	2 296.8	0	36.5	10.9
120	19.17	0	71.1	915.7	3 021.3	0	85.1	24.8
130	17.82	0	288.1	1 888.6	3 121.9	0	58.3	15.1
140	16.94	0	266.8	528.8	4 922.5	1.9	117.1	27.2
150	15.38	0	407.4	1 824.7	6 215.5	1.8	146.2	36.7
160	12.74	0	675.6	2 216.3	8 602.0	5.2	263.8	53.6
170	11.28	25	715.5	2 933.8	9 024.6	9.4	245.8	65.0
180	10.96	32	1 171.0	4 252.2	9 145.8	23.1	242.0	71.6
190	8.29	60	2 068.6	6 387.6	10 159.2	109.1	236.5	89.3
200	6.97	106	2 677.4	10 441.3	11 269.3	116.0	234.0	94.6

表 5-4 潘一肥煤指标气体及氧气浓度随温度的变化情况

温度/℃	O₂ 浓度/%	指标气体浓度/(×10⁻⁶)						
		H_2	CO	CO_2	CH_4	C_2H_4	C_2H_6	C_3H_8
20	20.96	0	0	448	1 044	0	1.6	11.5
30	20.83	0	0	470	1 563	0	16.1	5.0
40	20.82	0	0	644	2 173	0	8.6	4.6
50	20.65	0	0	696	2 614	0	11.5	9.2
60	20.60	0	0	685	2 972	0	12.1	11.5
70	20.56	0	7.0	737	3 387	0	17.2	13.8
80	20.50	0	7.2	817	3 894	0	24.7	25.4
90	20.44	0	27.8	903	4 344	0	30.5	27.7
100	20.30	0	76.8	1 082	4 587	0	40.8	39.2
110	20.11	0	154.8	1 266	4 692	0	51.2	53.1
120	19.80	0	231.6	1 485	4 585	0	56.9	66.9
130	19.37	0	434.3	1 945	3 809	0	73.0	80.8
140	18.76	0	623.6	2 210	3 304	0.6	89.7	103.8
150	18.30	0	1 086.8	3 245	2 544	1.0	115.5	117.7
160	17.03	0	1 763.9	4 189	1 838	2.0	129.9	140.8
170	16.00	0	2 494.4	5 248	1 281	3.0	143.7	189.2
180	14.00	2	3 795.1	9 298	701	7.9	226.5	258.5
190	11.90	6	5 024.4	11 968	336	19.8	285.1	346.2
200	10.50	7	5 844.0	14 178	270	27.7	333.4	415.4

表 5-5 百善无烟煤指标气体及氧气浓度随温度的变化情况

温度/℃	O₂ 浓度/%	指标气体浓度/(×10⁻⁶)						
		H_2	CO	CO_2	CH_4	C_2H_4	C_2H_6	C_3H_8
20	20.96	0	0	419	0	0	0	0
30	20.94	0	0	311	0	0	0	0
40	20.94	0	0	380	0	0	0	0
50	20.93	0	0	460	0	0	0	0
60	20.78	0	0	558	0	0	0	0
70	20.67	0	0	642	0	0	0	0
80	20.60	0	2.2	817	0	0	0	0
90	20.43	0	11.1	794	1.0	0	0	0
100	20.13	0	13.4	909	1.0	0	0	0
110	20.30	0	40.1	990	1.9	0	0	0
120	19.91	0	73.5	1 151	1.9	0	0	0
130	19.69	0	139.2	1 450	2.9	0	0	0
140	19.47	0	231.6	1 876	4.8	0	0	0
150	18.81	0	463.2	2 025	4.8	0	0	0
160	18.59	0	338.5	2 233	5.8	0	0	0

表 5-5(续)

温度/℃	O₂ 浓度/%	指标气体浓度/(×10⁻⁶)						
		H_2	CO	CO_2	CH_4	C_2H_4	C_2H_6	C_3H_8
170	17.72	0	516.7	2 198	5.8	0	0	0
180	16.63	0	806.2	3 360	3.9	0	0	0
190	15.09	25.0	1 318.5	3 590	5.8	0	0	0
200	14.10	50.0	1 639.2	5 294	5.8	0	0	0

由表 5-1 至表 5-5 可以得出不同煤样各种指标气体和氧气浓度的变化趋势,如图 5-1 至图 5-9 所示。

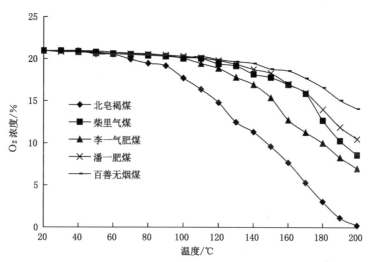

图 5-1　不同煤样程序升温过程氧气浓度变化趋势

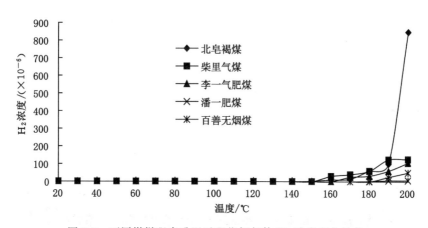

图 5-2　不同煤样程序升温过程指标气体 H_2 浓度变化趋势

由表 5-1 至表 5-5 和图 5-1 至图 5-9 中数据得出各指标气体产生的起始温度和浓度,总结在表 5-6 中。

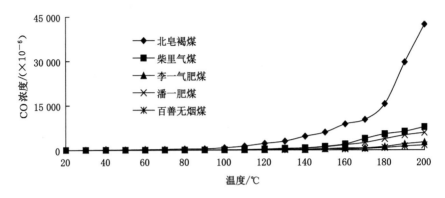

图 5-3 不同煤样程序升温过程指标气体 CO 浓度变化趋势

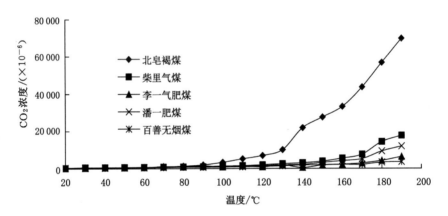

图 5-4 不同煤样程序升温过程指标气体 CO_2 浓度变化趋势

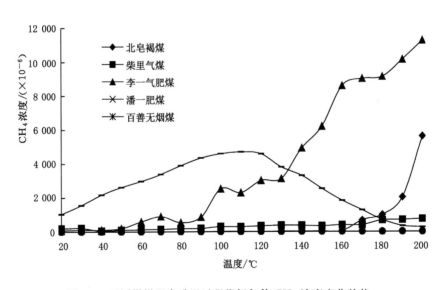

图 5-5 不同煤样程序升温过程指标气体 CH_4 浓度变化趋势

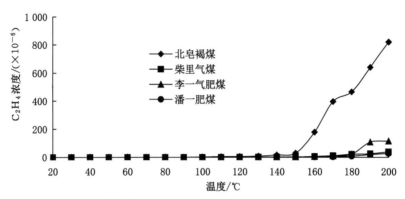

图 5-6　不同煤样程序升温过程指标气体 C_2H_4 浓度变化趋势

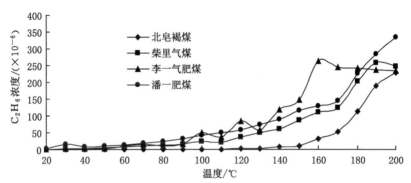

图 5-7　不同煤样程序升温过程指标气体 C_2H_6 浓度变化趋势

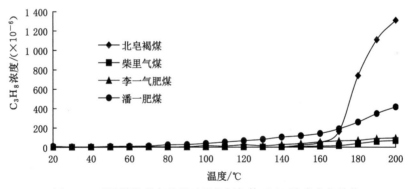

图 5-8　不同煤样程序升温过程指标气体 C_3H_8 浓度变化趋势

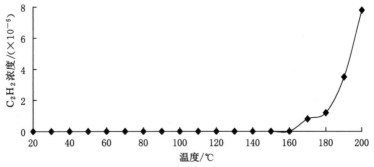

图 5-9　北皂褐煤煤样程序升温过程指标气体 C_2H_2 浓度变化趋势

表 5-6　不同煤样最早出现各指标气体的温度与浓度

煤样	CO		H_2		C_2H_4		C_2H_6		C_3H_8	
	温度 /℃	浓度 /($\times 10^{-6}$)	温度 /℃	浓度 /($\times 10^{-6}$)	温度 /℃	浓度 /($\times 10^{-6}$)	温度 /℃	浓度 /($\times 10^{-6}$)	温度 /℃	浓度 /($\times 10^{-6}$)
北皂褐煤	20	10.0	150	3.0	100	2.0	50	0.6	130	0.5
柴里气煤	60	7.5	160	30.0	120	1.0	20	0.8	150	6.9
李一气肥煤	70	3.1	170	25.0	140	1.9	20	1.9	50	1.2
潘一肥煤	70	7.0	180	2.0	140	0.6	20	1.6	20	11.5
百善无烟煤	80	2.2	190	25.0	—	—	—	—	—	—

注:柴里气煤、李一气肥煤和潘一肥煤原煤中含有 C_2H_6;李一气肥煤和潘一肥煤原煤中含有 C_3H_8。

由表 5-1 至表 5-5 和图 5-1 至图 5-9 可以得出如下结论:

(1) 煤低温氧化过程随温度上升氧气消耗量急剧增大,特别是在 100~120 ℃以后,在本系列实验供气量条件下,氧气浓度很快下降到 15% 以下,并且煤化程度越低,氧气消耗量越大,这也充分说明了不同煤的氧化能力的差异。

(2) 产生 H_2 需要较高的温度,褐煤在 140 ℃左右,而无烟煤在 190 ℃左右,并且随温度上升 H_2 的产生量增加较快。

(3) 煤氧化过程中,CO、CO_2 气体浓度随氧化温度升高而增大,并存在一个从缓慢增加到急剧增加的过程,这个过程一般在 100~140 ℃。在同样供气量和相同的温度条件下,CO 气体浓度基本随煤化程度增高而变小。

(4) 煤氧化过程中,C_2H_4 的析出量同样随温度的升高而增大。在氧化过程中,出现 C_2H_4 气体的温度随煤的变质程度增高而升高,最早出现 C_2H_4 气体的是北皂褐煤,其次是柴里气煤,之后是李一气肥煤和潘一肥煤,无烟煤在实验温度高达 200 ℃时没有产生 C_2H_4 气体。

(5) 实验过程中发现,柴里气煤、李一气肥煤和潘一肥煤原煤中含有 C_2H_6 气体,而且随氧化温度升高,析出 C_2H_6 气体浓度增加,其原因是随氧化温度升高,一方面原煤样吸附的 C_2H_6 气体脱附速度加快,另一方面 C_2H_6 气体的产生速率也不断增大。

(6) 北皂褐煤在 130 ℃左右析出 C_3H_8 气体,而柴里气煤在 150 ℃左右析出 C_3H_8 气体,褐煤与气煤氧化生成的 C_3H_8 气体随氧化温度升高而增加。同时李一气肥煤、潘一肥煤原煤中含有 C_3H_8 气体,且随氧化温度升高,析出 C_3H_8 气体浓度增加。百善无烟煤在实验温度范围内无 C_3H_8 气体产生。

(7) 在实验温度达到 200 ℃以前,柴里气煤、李一气肥、潘一肥煤和百善无烟煤均没有 C_2H_2 气体出现,只有北皂褐煤在 170 ℃开始出现 C_2H_2 气体。

总的来说,低温氧化过程产生量较大的指标气体,随温度上升浓度的增加速率也比较大;相反,产生量小的指标气体,浓度增加速率也比较小。同一指标气体在不同煤样中开始出现的温度不一样,其浓度的变化情况也各不相同;同一煤样低温氧化产生不同指标气体的温度也不一样,并且各指标气体浓度之间存在比较大的差别。

5.1.2　热与温度

煤自燃过程除了本身释放热量之外,还受外界环境的影响。一般情况下由于煤自热升温后,煤体温度高于环境温度,煤体会向环境散热。因此,煤的自燃过程就是煤体氧化产生热量和向环境散热之间的矛盾发展过程。考察煤本身低温氧化特性,需要尽可能不考虑和除去外界环境的影响,而采用综合绝热氧化模拟煤自燃过程正是基于这样的考虑。根据绝热氧化模拟的温升曲线,可以获得煤在尽可能不受环境影响下的自燃过程的升温速率和产热速率。

煤低温氧化升温过程的热平衡为:煤氧化生成热量=向环境散失热量+煤样内能的增量。如果对煤自燃过程进行绝热氧化模拟,可以忽略向环境的散热,因此,煤低温氧化的产热速率计算公式为:

$$Q_{gen}(T) = c(T)K(T) \tag{5-1}$$

式中,$Q_{gen}(T)$ 为煤样产热速率,W/g;$c(T)$ 为煤样比热容,J/(g·K);$K(T)$ 为绝热氧化过程中煤样的升温速率,K/s。

从煤样元素分析结果(见表 2-3)得到各煤样碳含量,由煤的比热容与碳含量的关系可知[41],北皂褐煤煤样的比热容为 1.32 J/(g·K),柴里气煤煤样的比热容为 1.16 J/(g·K),李一气肥煤煤样的比热容为 1.20 J/(g·K),潘一肥煤煤样的比热容为 1.40 J/(g·K),百善无烟煤煤样的比热容为 1.10 J/(g·K)。由于煤的比热容在 20～200 ℃时随温度的变化范围较小,因此在这个温度范围内的比热容可以视为常数。

由 5 个煤样绝热氧化过程的温升曲线(见图 3-8)对时间求导得到煤绝热氧化过程升温速率曲线,如图 5-10 所示。将升温速率代入式(5-1),并通过计算得到图 5-11 所示的煤绝热氧化过程产热速率曲线。

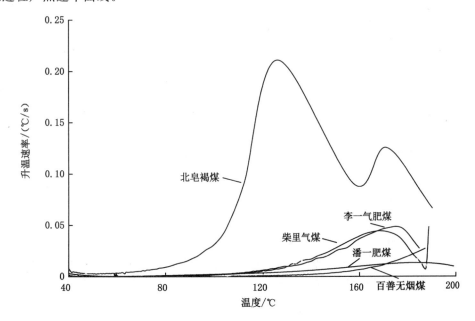

图 5-10　煤绝热氧化过程升温速率曲线

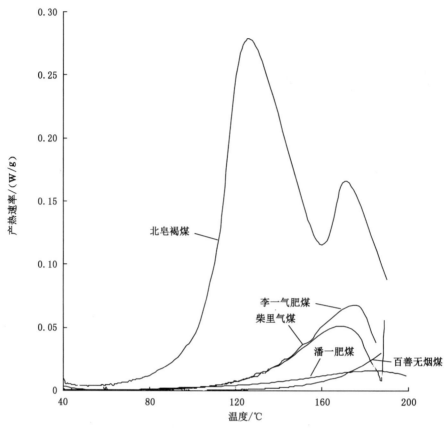

图 5-11　煤绝热氧化过程产热速率曲线

由图 5-10 和图 5-11 可以看出,升温速率和产热速率的变化规律基本一致。煤自燃过程刚发生的时候,升温速率和产热速率相对较高。这是因为破碎的煤具有较大的表面积和许多极易氧化的活性结构分布在煤体表面,一旦与氧气接触,一方面立刻发生物理吸附释放出热量,另一方面那些在常温下就极易反应的结构与氧气立刻发生氧化反应,也会释放出一定的热量,这两部分热量使得煤与氧气刚接触的一段时间的升温速率和产热速率相对之后一段时间较大,随后升温速率和产热速率就会降低到最小。随着温度的逐渐上升,参加氧化的活性结构和官能团越来越多,氧化强度越来越大,表现为升温速率和产热速率逐渐增大。

由图 5-10 和图 5-11 还可以看出,北皂褐煤在 120 ℃、柴里气煤在 160 ℃、李一气肥煤在 170 ℃、潘一肥煤在 180 ℃的升温速率达到一个很高的值后又开始下降,其原因是在绝热氧化过程中供给煤样氧化的氧气量是恒定不变的,当煤低温氧化需要的氧气量超过供给氧气量时,煤的自燃过程就出于乏氧状态,表现为升温速率和产热速率降低。百善无烟煤在实验过程中没有出现供氧量不足的现象,因为该煤不易氧化,需氧量比较少。

北皂褐煤在 160 ℃、柴里气煤在 185 ℃时的升温速率和产热速率有另外一个波动,这可能是氧化过程产生大量的水分吸热引起的(外在水分在实验前经 105 ℃惰性环境保护下干燥去除了),在实验过程中这个阶段也往往能在出气口处看见大量水蒸气。

5.2　煤低温氧化过程物理化学结构的微观变化

煤自燃过程宏观表现出来的各种特征,是微观物理化学反应引起的,因此煤自燃过程煤体会发生大量而复杂的物理化学变化和反应。由于煤的物理化学结构的复杂性和多样性,我们不可能完全了解煤自燃过程发生的物理化学变化与反应,但是我们可以用统计的观点来考察煤自燃过程的物理化学结构变化和发生的基本反应,找出其规律性,并与宏观表现特征有机联系起来科学合理地解释煤自燃的发生发展过程,为煤自燃防治提供基础理论支持。

5.2.1　不同氧化温度煤孔隙与表面积的变化

煤在低温氧化过程中煤体的孔隙和表面积的变化对煤的自燃过程具有重要的意义,这是因为煤低温氧化过程主要在煤的表面进行,同时表面积与孔隙特性之间存在密切的关系。对于煤低温氧化过程的表面积和孔隙的变化规律,采用压汞法测试出煤在不同温度下的孔径、孔隙容积和累计表面积的变化情况。

本次实验用柴里气煤作为实验煤样。首先,采用手工方法将块煤粉碎成粒径为 0.1～3.5 cm 的各种天然形状的煤粒。然后将煤样放入恒温氧化箱中,恒温氧化箱的温度从低到高设定四个点,分别是 30 ℃、100 ℃、150 ℃、200 ℃,在第一个温度点(30 ℃)恒温 12 h,取出该温度下煤样立即放入干燥的小玻璃瓶中,并密封好。再将恒温氧化箱温度升到下一个温度点(100 ℃),同样恒温 12 h 取出装瓶密封。如此下去制出不同氧化温度下的实验煤样。

实验时,取质量为 1.5 g 的煤样立即进行测定,汞压力由小到大逐渐增大,在某一压力 p 下,已注入的水银体积就是煤样中半径大于 r 的孔隙的总体积,根据孔隙半径和孔隙容积可以计算出孔隙的表面积,测试结果见表 5-7 至表 5-10。

表 5-7　30 ℃条件下柴里气煤煤样压汞实验的部分结果

序号	压力/MPa	孔隙直径/μm	孔隙容积/（mm³/g）	累计表面积/（mm²/g）
1	0.021 385	70.439 0	12.9	400
2	0.028 284	52.985 1	14.1	500
3	0.033 803	43.623 4	14.8	500
4	0.047 600	31.062 6	16.6	700
5	0.074 504	19.941 1	17.2	800
6	0.084 852	17.545 2	17.8	1 000
7	0.513 939	2.062 8	18.4	1 100
8	11.016 92	0.134 9	19.1	11 300
9	13.828 06	0.107 5	19.1	11 300
10	20.671 38	0.071 9	19.7	36 600
11	27.569 89	0.053 9	20.3	79 200
12	41.256 54	0.036 0	21.5	186 900
13	48.099 86	0.027 1	24.0	526 200

表 5-7(续)

序号	压力 /MPa	孔隙直径 /μm	孔隙容积 /（mm³/g）	累计表面积 /（mm²/g）
14	62.172 13	0.023 9	25.2	719 100
15	68.849 89	0.021 6	27.0	1 043 300
16	89.490 23	0.016 6	28.3	1 291 600
17	96.278 36	0.015 4	30.1	1 751 800
18	120.394 9	0.012 4	32.6	2 486 800
19	138.055 0	0.010 8	33.8	2 912 200
20	171.855 7	0.008 7	37.5	4 431 500
21	206.403 4	0.007 2	42.4	6 913 000

表 5-8　100 ℃条件下柴里气煤煤样压汞实验的部分结果

序号	压力 /MPa	孔隙直径 /μm	孔隙容积 /（mm³/g）	累计表面积 /（mm²/g）
1	0.020 696	71.919 7	12.2	400
2	0.027 594	53.458 1	13.5	500
3	0.035 872	41.220 7	14.2	500
4	0.048 290	30.982 2	14.8	600
5	0.073 814	20.227 4	16.7	900
6	0.126 933	13.290 4	17.4	1 000
7	0.213 854	7.562 5	18.0	1 300
8	0.689 851	2.893 4	18.7	2 000
9	2.752 505	0.534 2	19.3	4 100
10	8.250 618	0.179 5	20.0	17 200
11	17.163 49	0.086 5	20.6	38 500
12	24.117 19	0.061 6	21.9	115 700
13	30.905 32	0.048 1	22.5	166 200
14	48.068 82	0.030 9	23.8	279 200
15	61.976 21	0.024 0	26.4	683 000
16	68.653 97	0.021 6	27.1	795 900
17	89.294 31	0.016 6	29.6	1 315 900
18	96.413 57	0.015 4	30.9	1 637 400
19	103.312 1	0.014 4	32.9	2 156 000
20	120.420 4	0.012 3	34.1	2 541 600
21	137.694 3	0.010 8	36.1	3 209 600
22	172.021 2	0.008 6	39.9	4 800 200
23	206.403 4	0.007 2	41.9	5 775 900

表 5-9　150 ℃条件下柴里气煤煤样压汞实验的部分结果

序号	压力 /MPa	孔隙直径 /μm	孔隙容积 / (mm³/g)	累计表面积 / (mm²/g)
1	0.048 979	30.547 4	13.7	500
2	0.097 269	17.832 6	14.4	700
3	0.128 312	13.144 5	15.0	900
4	0.153 837	9.649 2	15.6	1 100
5	0.344 925	3.954 3	16.9	1 700
6	1.372 803	1.059 2	17.5	3 700
7	5.505 011	0.268 6	18.1	6 500
8	13.728 03	0.108 1	18.7	27 100
9	17.163 49	0.086 5	20.0	78 400
10	24.034 41	0.071 7	20.0	78 400
11	30.905 32	0.048 1	20.6	127 400
12	34.382 17	0.043 2	21.2	128 600
13	41.335 87	0.035 9	21.8	245 200
14	48.068 82	0.030 9	22.5	319 900
15	54.912 14	0.027 1	24.3	578 300
16	62.196 96	0.023 9	24.3	578 300
17	68.819 53	0.021 6	26.2	907 600
18	89.570 25	0.016 6	26.8	1 033 800
19	96.523 95	0.015 4	28.1	1 346 000
20	103.367 3	0.014 4	28.7	1 513 700
21	120.365 2	0.012 4	31.8	2 447 800
22	137.528 7	0.010 8	34.3	3 310 300
23	172.021 2	0.008 6	36.8	4 337 200
24	206.403 4	0.007 2	41.8	6 858 600

表 5-10　200 ℃条件下柴里气煤煤样压汞实验的部分结果

序号	压力 /MPa	孔隙直径 /μm	孔隙容积 / (mm³/g)	累计表面积 /(mm²/g)
1	0.049 669	30.011 6	13.5	500
2	0.066 226	22.551 1	14.1	600
3	0.085 542	17.405 0	14.7	700
4	0.140 040	10.625 2	15.3	900
5	0.296 636	4.536 4	15.9	1 300
6	0.489 794	2.854 6	16.5	1 900
7	1.359 006	1.067 9	17.1	3 900

表 5-10(续)

序号	压力 /MPa	孔隙直径 /μm	孔隙容积 /（mm³/g）	累计表面积 /（mm²/g）
8	2.842 186	0.517 5	17.7	6 600
9	7.139 958	0.207 4	18.3	13 000
10	14.017 77	0.105 8	19.0	28 800
11	24.034 41	0.071 9	19.0	28 800
12	27.483 66	0.054 0	21.4	177 300
13	34.768 49	0.042 7	22.0	231 100
14	48.068 82	0.036 0	22.6	293 300
15	55.353 64	0.026 8	24.5	513 300
16	62.196 96	0.023 9	25.7	706 100
17	69.095 47	0.021 5	26.3	813 900
18	83.168 43	0.017 9	28.7	1 310 900
19	97.075 83	0.015 3	31.2	1 925 900
20	120.917 1	0.012 3	33.6	2 661 600
21	138.522 1	0.010 7	35.5	3 299 100
22	172.131 6	0.008 6	39.8	5 067 600
23	208.003 9	0.007 1	44.0	7 237 700

由图 5-12 可以看出，从统计学角度来讲，煤的低温氧化过程（本次实验温度小于 200 ℃）孔隙容积随温度的升高极其缓慢地变大，小孔隙直径的孔隙容积变化不如大孔隙直径的明

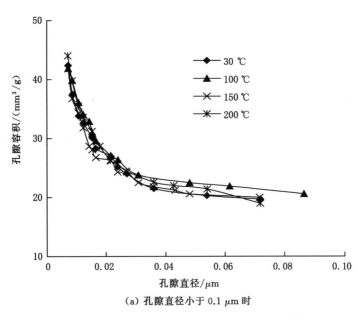

（a）孔隙直径小于 0.1 μm 时

图 5-12 随氧化温度变化煤孔隙容积的变化趋势

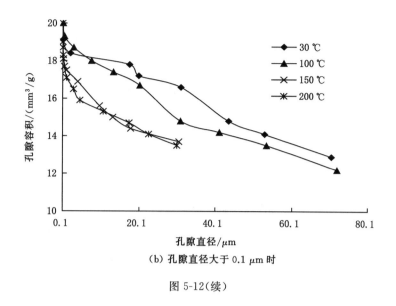

（b）孔隙直径大于 0.1 μm 时

图 5-12（续）

显。煤孔隙直径随温度变化，特别是在低温阶段（小于 100 ℃）的变化，主要是热作用使煤体内的裂隙增加，部分结构氧化掉而形成一定的小孔隙造成的。小孔隙结构变化不显著，这可以说明煤的低温氧化过程的反应强度是非常微弱的，不足以根本改变煤体内的孔隙结构特性。

　　由图 5-13 可以看出，随氧化温度升高煤体的累计表面积变化不明显，虽然温度上升使煤体内大孔隙数量有微小增加，但是大孔隙对煤体表面积的贡献作用不大。从另一个角度讲，累计表面积变化微小也证明了煤低温氧化过程对直径小于 0.1 μm 的孔隙变化影响不大。总的来说，煤低温氧化过程改变煤体表面结构的作用不显著，这是因为煤低温氧化过程氧化强度非常小。

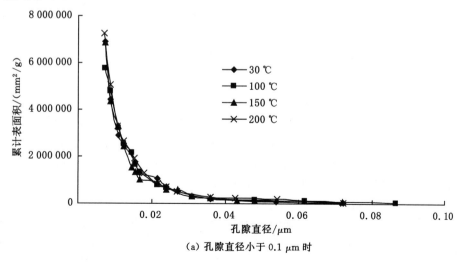

（a）孔隙直径小于 0.1 μm 时

图 5-13　随氧化温度变化累计表面积的变化趋势

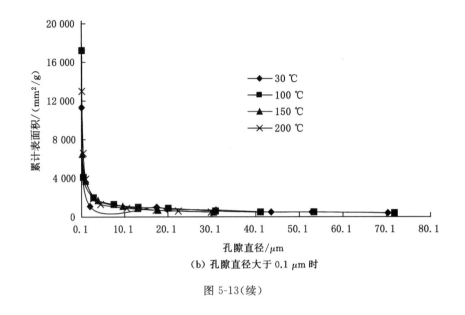

（b）孔隙直径大于 0.1 μm 时

图 5-13（续）

5.2.2 煤结构中官能团的变化

毫无疑问,煤低温氧化过程煤的化学结构也会发生一定程度的变化,特别是官能团(即活性结构)的变化比较显著[67-73,77-79]。对煤低温氧化过程官能团变化研究比较常用的是红外光谱对比分析法。煤在氧化过程中官能团数量发生变化时,其吸收光谱强度也相应地发生变化,又因为同一种官能团的吸收光谱位置是一定的,因此可以通过测定不同氧化阶段或者氧化温度煤体内的主要官能团的变化情况来研究煤自燃过程结构变化规律[80-86]。

基于上述思想,对不同变质程度的五种煤(北皂褐煤、柴里气肥煤、李一气肥煤、潘一肥煤和百善无烟煤,其工业和元素分析结果如表 2-3 所示)在不同氧化环境温度中充分氧化后进行了红外光谱测试,并对煤低温氧化过程中官能团的变化进行详细的定性定量分析,根据官能团在低温氧化过程中的消长规律,推断出各官能团的氧化反应方程。

1）煤低温氧化过程结构变化红外光谱测试

（1）制样过程

煤自燃是一非常缓慢的过程,因此在自燃过程中煤结构在所处环境温度下是被充分氧化过的。在许多对不同氧化温度煤结构的红外光谱测试中,煤结构随氧化温度变化不是很明显,测试结果往往不理想。其原因:一方面煤在低温氧化过程中氧化反应程度本身就是比较弱的;另一方面制样过程对煤样的氧化不是很彻底,有些样品在大粒度情况下仅仅氧化几分钟,煤体内的结构根本没有来得及被充分氧化。

为了克服上述制样过程的不足之处,采取下列制样过程:

① 选取 10 块左右能够代表该煤层的煤样;② 将选取的煤样在离心式粉碎机内粉碎至 160 目(0.1 mm)以下;③ 将粉碎的煤样充分混合均匀,取 5 g 左右煤样置于用铝箔制成的直径为 6 cm,高为 3 cm 的敞口容器内,并将煤样均匀铺在容器底部;④ 将各煤样置于程序控温箱内(如图 4-1 所示,该箱体内部可以循环供空气,温度均匀),分别在箱体内部温度为 40 ℃、80 ℃、120 ℃、160 ℃和 200 ℃情况下氧化 10 h,在氧化过程中每隔 2 h 左右轻微抖动

盛装煤样的容器,使煤样氧化更为充分均匀;⑤ 将氧化好的煤样立刻快速置于洁净干燥的小玻璃瓶内,盖上盖子后用石蜡密封。

(2) 红外光谱测试过程

测试仪器为美国 Nicolet 公司生产的 Avatar 360 型傅立叶变换红外光谱仪(FTIR)。测试采用 KBr 压片法,称取 1.5 mg 煤样和 300 mg 干燥后的 KBr 粉末(在感量为 0.000 1 g 的分析电子天平上称量),一起放入玛瑙研磨钵内快速研磨 10 min 左右,使样品粒度尽可能小。研磨时在红外灯下进行,使样品在研磨过程中不受潮。研磨好后立即进行压片,将带煤样的 KBr 片(压片质量相同)在红外光谱仪上进行透射扫描,波数为 400~4 000 cm^{-1},分辨率为 4 cm^{-1},样品扫描次数为 32 次,同时对比空白 KBr 片 32 次背景扫描,以获得高质量的红外光谱图。

对不同变质程度煤的不同氧化程度的 25 个煤样进行红外光谱分析,得到图 5-14 至图 5-18 所示的红外光谱原始谱图。

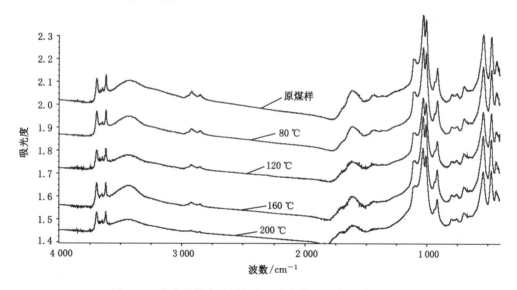

图 5-14　北皂褐煤在不同氧化温度氧化后红外光谱原始谱图

图 5-19 是没有进行任何人为氧化处理的原煤样红外光谱图,可以看出随着煤变质程度增强,煤体内的官能团数量越来越少(出现的官能团的特征峰越来越少)。其中,李一煤的官能团数量相对柴里煤要多一些,这是因为该煤样是在测试前采取的新鲜煤样,没有在大气环境下被充分氧化。

2) 各煤样低温氧化过程官能团变化分析

(1) 煤在红外光谱中吸收峰的归属

红外光谱测试过程中同一种官能团的吸收光谱位置是一定的,因此可以根据出现峰的位置查找出所属的官能团,并且可以根据峰面积或者峰高定量测试出官能团的变化情况。为了便于进行分析计算,对煤的红外光谱主要吸收带的归属进行了详细分类,并结合煤化学知识得出实验煤样主要谱峰的特征,如表 5-11 所示[37,41,68,87-91]。

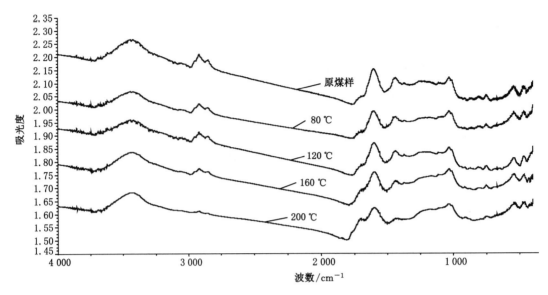

图 5-15　柴里气煤在不同氧化温度氧化后红外光谱原始谱图

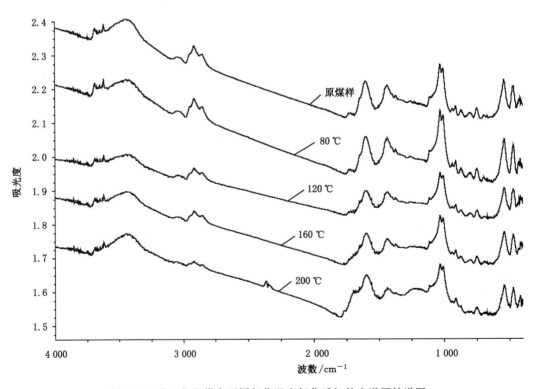

图 5-16　李一气肥煤在不同氧化温度氧化后红外光谱原始谱图

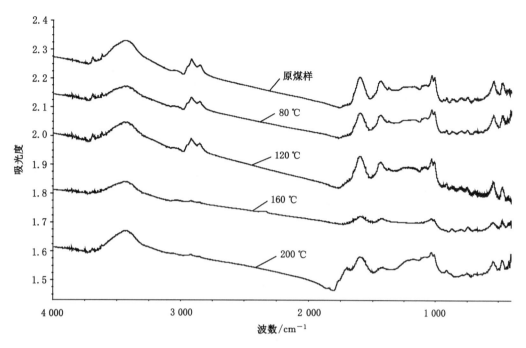

图 5-17　潘一肥煤在不同氧化温度氧化后红外光谱原始谱图

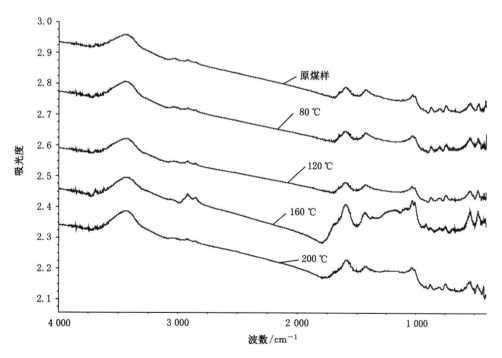

图 5-18　百善无烟煤在不同氧化温度氧化后红外光谱原始谱图

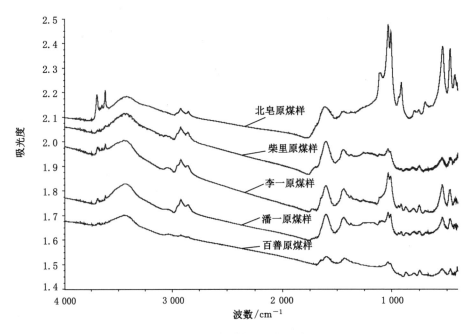

图 5-19　各原煤样红外光谱图

表 5-11　煤在红外光谱中吸收峰的归属

特征峰编号	谱峰位置/cm^{-1}	官能团	官能团属性
1	3 697～3 684, 3 624～3 613, 3 400	—OH	O—H 伸展振动,羟基、醇、酚类
2	3 056～3 032	—CH	芳烃—CH
3	2 950	—CH$_3$	甲基
4	2 922～2 918	—CH$_3$,—CH$_2$	甲基、亚甲基不对称伸缩振动
5	2 858～2 847	—CH$_2$	亚甲基对称伸缩振动
6	2 780～2 350	羧基	
7	1 736～1 722	C=O,—CO—O—	醛、酮、酯类羰基
8	1 706～1 705	C=O、—CHO	芳香酮、醛类羰基
9	1 640～1 650	—CO—N—	酰胺
10	1 604～1 599	C=C	芳香环中 C=C 伸缩振动
11	1 449～1 439	—CH$_2$	亚甲基剪切振动
12	1 379～1 373	—CH$_3$	甲基剪切振动
13	1 330～1 110	Ar—CO	酚、醇、醚、酯氧键
14	1 026～912		矿物
15	860～700		取代苯类
16	753～743	—CH$_2$	亚甲基平面振动

（2）不同氧化温度特征峰面积定量计算

对煤中官能团的变化规律进行定量分析一般采用峰面积法或者峰高法[67]，以下的分析均采用峰面积法进行，即选取谱带两侧吸光度最小的两点连成直线作为新的基线，基线与峰所围面积就为该峰的峰面积。利用峰面积法对各煤样在不同氧化温度下氧化后的特征峰的面积进行计算和总结，结果如表 5-12 至表 5-16 所示。

表 5-12　北皂褐煤特征峰面积

特征峰编号	不同氧化温度特征峰积分面积/(m²/g)				
	40 ℃	80 ℃	120 ℃	160 ℃	200 ℃
1	8.313	8.600	6.484	10.429	5.430
2	无峰				
3	无峰				
4	0.905	0.758	0.473	0.335	0.084
5	0.317	0.289	0.277	0.184	0.045
6	无峰				
7	无峰				
8	0	0.115	0.141	0.451	0.762
9	无峰				
10	5.936	5.025	4.260	4.183	2.928
11	0.759	0.663	0.637	0.557	0.280
12	0.086	0.062	0.029	0.024	0.023
13	无峰				
14	33.352	34.036	33.817	33.999	31.390
15	0.392	0.353	0.323	0.348	0.265
16	0.289	0.280	0.276	0.283	0.181

表 5-13　柴里气煤特征峰面积

特征峰编号	不同氧化温度特征峰积分面积/(m²/g)				
	40 ℃	80 ℃	120 ℃	160 ℃	200 ℃
1	24.442	18.434	18.950	20.853	19.153
2	0.393	0.267	0.310	0.123	0.041
3	无峰				
4	1.940	1.350	1.500	0.800	0.276
5	0.389	0.318	0.412	0.201	0.071
6	无峰				
7	无峰				
8	0.211	0.348	0.418	0.773	0.893
9	无峰				

表 5-13(续)

特征峰编号	不同氧化温度特征峰积分面积/(m²/g)				
	40 ℃	80 ℃	120 ℃	160 ℃	200 ℃
10	7.650	5.740	6.604	5.303	4.518
11	1.984	1.695	1.574	1.142	0.736
12	0.161	0.100	0.095	0.064	0.023
13	无峰				
14	2.240	2.123	2.275	2.099	1.710
15	0.423	0.363	0.285	0.184	0.060
16	0.613	0.445	0.422	0.321	0.292

表 5-14　李—气肥煤特征峰面积

特征峰编号	不同氧化温度特征峰积分面积/(m²/g)				
	40 ℃	80 ℃	120 ℃	160 ℃	200 ℃
1	9.304	7.579	5.650	6.460	7.745
2	0.680	0.719	0.505	0.410	0.286
3	0.111	0.131	0.100	0.069	0.059
4	0.776	0.782	0.555	0.506	0.253
5	0.437	0.438	0.322	0.316	0.168
6	无峰				
7	0.397	0.420	0.274	0	0
8	0	0	0	0.300	1.224
9	无峰				
10	6.272	4.000	3.516	3.377	3.187
11	2.715	3.021	1.801	1.401	0.945
12	0.106	0.112	0.066	0.042	0.038
13	0.163	0.180	0.190	0.457	1.611
14	7.754	8.063	6.723	6.925	6.823
15	0.482	0.480	0.250	0.234	0.149
16	0.483	0.463	0.316	0.220	0.115

表 5-15　潘—肥煤特征峰面积

特征峰编号	不同氧化温度特征峰积分面积/(m²/g)				
	40 ℃	80 ℃	120 ℃	160 ℃	200 ℃
1	16.325	10.545	12.801	8.443	13.040
2	0.296	0.178	0.145	0.086	0
3	0.484	0.435	0.350	0	0
4	0.711	0.661	0.623	0.161	0.111

表 5-15(续)

特征峰编号	不同氧化温度特征峰积分面积/(m²/g)				
	40 ℃	80 ℃	120 ℃	160 ℃	200 ℃
5	0.474	0.445	0.419	0.059	0.046
6	无峰				
7	无峰				
8	0	0	0	0.201	1.143
9	无峰				
10	6.731	6.670	6.600	2.360	3.200
11	2.966	2.317	2.250	0.609	0.584
12	0.071	0.070	0.059	0.010	0
13	0.169	0.193	0.538	1.236	1.597
14	2.631	2.329	2.505	2.061	1.780
15	0.372	0.224	0.215	0.125	0.060
16	0.422	0.317	0.290	0.278	0.250

表 5-16　百善无烟煤特征峰面积

特征峰编号	不同氧化温度特征峰积分面积/(m²/g)				
	40 ℃	80 ℃	120 ℃	160 ℃	200 ℃
1	13.971	16.232	14.456	16.108	18.605
2	0.327	0.335	0.304	0.222	0.208
3	无峰				
4	0.183	0.175	0.182	0.179	0.164
5	0.087	0.080	0.072	0.065	0.062
6	无峰				
7	无峰				
8	0.160	0.200	0.220	0.310	0.400
9	无峰				
10	1.364	1.236	1.153	1.216	1.501
11	0.831	0.671	0.644	0.584	0.560
12	无峰				
13	无峰				
14	1.635	1.678	1.645	1.634	1.626
15	0.295	0.253	0.223	0.178	0.159
16	0.503	0.393	0.370	0.369	0.356

（3）官能团变化规律分析

对特征峰所属的官能团进行定量分析发现,煤样中官能团随氧化温度的上升而表现出以下变化规律：

① 大部分官能团数量不同程度地减少,甚至在超过某一温度后某一官能团不复存在,这类官能团一般属于脂肪类结构,大部分是煤分子结构中的支链部分,表现出比较强的还原性。这类官能团在低温氧化过程中随温度升高的变化规律如图 5-20 至图 5-28 所示。

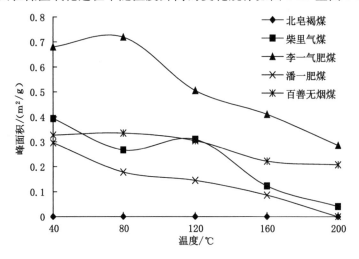

图 5-20 芳烃—CH 类官能团数量随氧化温度升高的变化规律

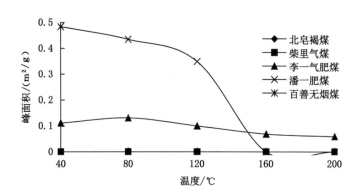

图 5-21 甲基类官能团数量随氧化温度升高的变化规律

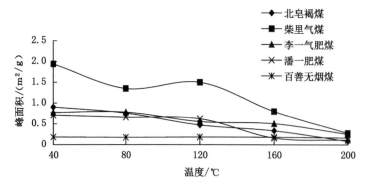

图 5-22 甲基、亚甲基不对称伸缩振动类官能团数量随氧化温度升高的变化规律

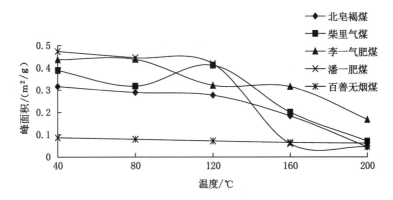

图 5-23　亚甲基对称伸缩振动类官能团数量随氧化温度升高的变化规律

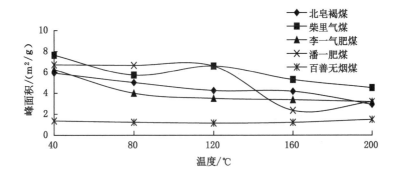

图 5-24　芳香环中 C═C 伸缩振动类官能团数量随氧化温度升高的变化规律

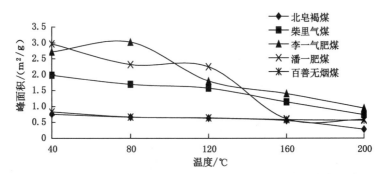

图 5-25　亚甲基剪切振动类官能团数量随氧化温度升高的变化规律

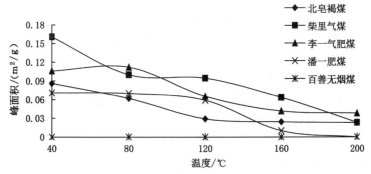

图 5-26　甲基剪切振动类官能团数量随氧化温度升高的变化规律

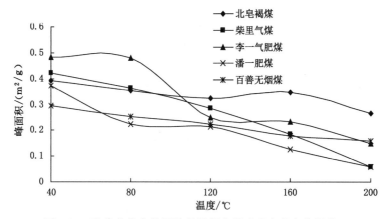

图 5-27 取代苯类官能团数量随氧化温度升高的变化规律

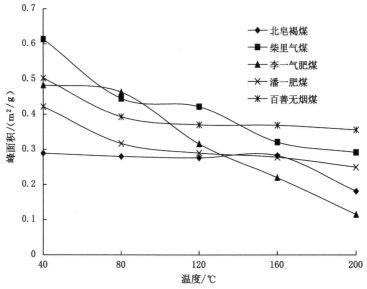

图 5-28 亚甲基平面振动类官能团数量随氧化温度升高的变化规律

② 芳香酮、醛类羰基、酚、醇、醚、酯氧键等官能团数量增加,或者从无到有并逐渐增加,这类官能团主要是含氧官能团,煤氧化过程氧原子与还原性较强的官能团结合,这类官能团在低温氧化过程中随温度升高的变化规律如图 5-29 和图 5-30 所示。

③ 煤体中—OH 官能团变化的规律性较差,其原因是在煤低温氧化过程中—OH 产生和消失的反应同时发生,—OH 数量的消长取决于各种不同性质的—OH 基团产生和消失的关系,其变化规律如图 5-31 所示。

④ 煤中灰分基本不变,有略为减少的趋势,其变化规律如图 5-32 所示。

煤在低温氧化过程中微观结构变化主要表现为煤表面官能团的变化,在低温氧化阶段煤中的主体结构需要较高的能量才能被活化而发生氧化反应,由不同氧化温度红外光谱图也可以看出主体结构基本没有大的变化,因此这里没有对煤主体结构的变化情况进行过多的分析。

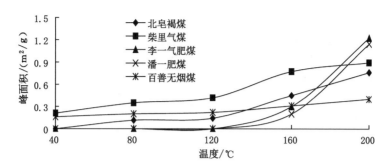

图 5-29　芳香酮、醛类羰基类官能团数量随氧化温度升高的变化规律

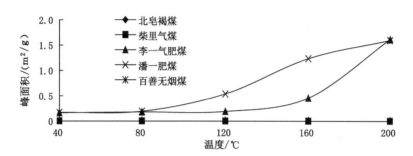

图 5-30　酚、醇、醚、酯氧键类官能团数量随氧化温度升高的变化规律

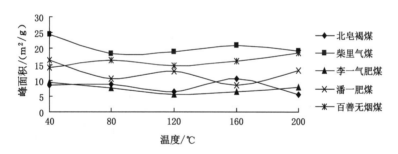

图 5-31　—OH 类官能团数量随氧化温度升高的变化规律

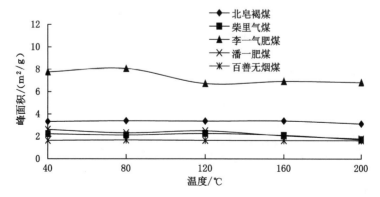

图 5-32　煤中矿物质含量随氧化温度升高的变化规律

5.3 煤自燃过程宏观特征与微观结构变化之间的关系

煤自燃现象和一般的物理化学反应一样,是由内部微观结构的变化和物理化学变化决定其宏观过程和特性的。煤自燃主要宏观特征是指标气体和热量,而产生指标气体和热量的根本原因是煤结构与氧的物理化学反应。由于煤结构的复杂性和多样性,找出一个确切的规律是比较困难的,但是我们可以从统计学的观点找出一些煤自燃宏观表现和微观变化的关系来。

从煤低温氧化过程红外光谱分析获得了十多种在低温氧化过程中数量总体来说变少的官能团,这些官能团在低温氧化过程中减少的原因有三:一是与氧发生氧化而生产另外的结构并保留在煤体内;二是与氧发生反应后,该结构形成新的物质,比如 CO、CO_2、CH_4、C_2H_4、C_2H_6 气体物质并从煤体中脱离出来,同时还有 H_2O 或 H_2 产生;三是煤在受热过程中不与氧发生反应其结构也会发生变化,并释放出气体物质和 H_2O 等,这就相当于煤的干馏过程,煤自燃过程或多或少会发生干馏现象。

另外值得注意的是,即使是同一种官能团,由于受所结合的主体结构的诱导效应和共轭效应(主要是诱导效应)的影响不同,其氧化活性也不一样。

从煤结构在低温氧化过程中的变化情况得知,煤低温氧化主要发生在氧化活性比较强的官能团上,主体结构几乎不发生氧化。根据煤低温氧化过程官能团的消长情况,对官能团的氧化反应作了如下推测(其中 Coal 代表煤主体结构):

(1)端基烷基在适当条件下通常被氧化为相应的醇:

$$Coal{\equiv}CH \xrightarrow[\triangle]{O_2} Coal{\equiv}C—OH,\Delta D=158.7 \text{ kJ/mol}$$

$$Coal{=}CH_2 \xrightarrow[\triangle]{O_2} Coal{=}CH—OH,\Delta D=158.7 \text{ kJ/mol}$$

$$Coal—CH_3 \xrightarrow[\triangle]{O_2} Coal—CH_2—OH,\Delta D=158.7 \text{ kJ/mol}$$

$Coal{=}C{=}CH_2 \xrightarrow[\triangle]{O_2}$ 只有高温或有强氧化剂存在时才发生,从测试结果看无该反应发生

(2)在醇分子中,由于羟基的影响,α-H 较活泼,容易被氧化(与官能团直接相连的 H 叫 α-H)。

$Coal{\equiv}C—OH \xrightarrow[\triangle]{O_2}$ 三级醇分子中不含 α-H,故在一般情况下不被氧化

$Coal{=}CH—OH \xrightarrow[\triangle]{O_2} Coal{=}C{=}O + H_2O,\Delta D = 242.2 \text{ kJ/mol}$,二级醇氧化生成酮

$Coal—CH_2—OH \xrightarrow[\triangle]{O_2} Coal—CHO+H_2O,\Delta D = 242.2 \text{ kJ/mol}$,一级醇氧化生成醛

$$Coal—CHO \xrightarrow[\triangle]{O_2} Coal—COOH$$

$Coal{=}C{=}CO$(包括 $Coal—Ar—CO$)$\xrightarrow[\triangle]{O_2}$ 进一步氧化生成酸

其中,ΔD 为键能差,差值为正表示放热,键能数据:$D(C{\equiv}C)$ 835.1 kJ/mol、$D(C{=}C)$ 602 kJ/mol、$D(C—C)$ 345.6 kJ/mol、$D(C—H)$ 411 kJ/mol、$D(C—O)$ 357.7 kJ/mol、

D(C＝O)798.9 kJ/mol、D(O—H) 458.8 kJ/mol、D(O—O) 142 kJ/mol、D(O＝O) 493.6 kJ/mol。

用上述反应可以对红外光谱测试得出的各官能团变化规律进行比较合理的解释。当然,这种解释只能够反映一般的现象,对于具体的过程和特殊情况还有待进一步深入研究。

煤的低温氧化过程一般会释放出 H_2、CO、CO_2、CH_4、C_2H_4、C_2H_6、C_3H_8 和 C_2H_2 等气体产物,并且在不同温度出现不同类型和浓度的指标气体。其产生的原因主要是,煤体中不同的活性结构在不同温度下被活化,特别是官能团在氧的作用下活化,一些官能团从主体结构上脱离出来形成自由基,自由基之间发生反应生成指标气体。这些官能团包括原生官能团,也包括在氧化过程中不断生成的新的官能团。自由基反应涉及反应历程,反应过程复杂,并且非常不确定,其反应方程不好列出[11,92-93]。

综合分析煤低温氧化过程结构变化情况,对煤自燃过程指标气体产生原因可以得出如下结论:煤中氧化活性较高的官能团与氧发生反应,使得一部分官能团减少,同时一些含氧官能团增加,并由于化学键的断裂和重新结合而释放出热量,煤体温度升高;与此同时,在煤低温氧化温度不断上升的过程中要产生大量自由基,这些自由基相互反应而生成气体产物并释放出来,形成煤自燃过程的指标气体。

第6章　煤自燃逐步自活化反应机理

从 19 世纪开始,研究者就提出了一系列煤自燃机理观点、假说或者学说[3,12],总结起来主要有:① 黄铁矿导因说;② 细菌导因说;③ 酚基导因说;④ 煤氧复合导因说(煤氧复合作用学说);⑤ 自由基作用学说[11];⑥ 电化学作用学说[94]。煤自燃的煤氧复合作用学说比较合理地解释了煤自燃的原因,这是因为煤自燃必须要两个主体同时存在,一是煤,二是氧。同时该学说也能够解释煤氧化过程中氧化产热与热向环境散热这一矛盾发展过程是煤自燃的主要表现形式。尽管不同学者对煤氧复合作用学说有不同解释,但都把煤自燃的原因归于煤有与氧的强结合能力与与此相联系的氧化反应放热作用。但是煤自燃的煤氧复合作用学说解释煤自燃显然太笼统,没有从更深层次解释煤自燃过程和微观机理,特别是煤自燃的发生过程和动力学本质。本书试图在煤自燃的煤氧复合作用学说的基础上,对煤自燃机理做进一步更深入的探索。

煤自燃机理是煤自燃防治的理论依据和行动准则,对煤自燃机理的研究是煤自燃防治研究的核心问题之一。能够圆满解答煤自燃发生发展过程是煤自燃研究者多年的追求,但是由于煤结构的复杂性,影响煤自燃过程因素的多样性和多变性,煤自燃机理问题到目前为止还没有一个确切的解释。本书以煤自燃过程模拟为实验基础,以化学反应过程的活化反应机理和煤结构(特别是在煤低温氧化过程中起主要作用的活性结构)为理论基础,基于煤自燃过程表现出来的热现象、指标气体和煤结构的变化等特征和现象,提出了煤自燃逐步自活化反应机理。

6.1　分子活化与化学反应的关系及活化能的意义

活化能的概念是由 Arrhenius 在 1889 年最早提出来的,他认为只有活化分子才能进行反应,活化分子具有较高的能量,一般分子只有吸收能量 E 才能变成活化分子,活化能就是一般分子变成活化分子所需的能量。Tolman 对活化能进行了进一步解释,将活化能定义为活化分子的平均能量与全部反应物分子的平均能量之差,反映了活化能的统计性质。后来的研究还表明,只有基元反应活化能才有具体的物理意义,复杂反应,或者说总包反应活化能是没有具体的物理意义的。同时还发现,无论是基元反应还是总包反应,活化能都会随温度而变化。在复杂反应和总包反应中通过实验计算出来的活化能只是实验活化能,或称之为表观活化能[95-96]。

参与煤低温氧化的主体是煤中众多活性结构和官能团,并且在任何温度下,都会有一部分官能团发生氧化反应。由于煤自燃过程的复杂性,只能从统计学和宏观角度来研究煤自燃过程活化氧化反应问题。煤自燃是一种特别复杂的反应过程,由一系列总包反应组成,其活化能仅仅代表总体反应能力,是一种表观活化能。

　　Arrhenius 方程是根据实验总结出来的一个经验公式。它表明温度对反应速率常数的影响。它的指数表示式为:

$$k = A\mathrm{e}^{-E/(RT)} \tag{6-1}$$

式中,k 为反应速率常数;T 为反应温度,K;R 为摩尔气体常数,8.314 J/(mol·K);E 为活化能,J/mol;$\mathrm{e}^{-E/(RT)}$ 为能量概率。

　　由能量概率可知,只有吸收了足够能量的分子,即活化分子,才能发生反应。这就是说,对于进行反应的分子必须提供最低的活化能。在碰撞理论中活化能被定义为发生有效碰撞的分子较一般分子所高出的能量。过渡状态理论又称为活化复合物理论。该理论认为化学反应不是只通过分子间的简单碰撞就能完成的,而是要经过一个中间的过渡状态,即反应物分子在相互接近的碰撞中先被活化,形成活化复合物(过渡态)。活化复合物与反应物间动态平衡,活化复合物分解得反应产物,该过程可以表示为:

$$\mathrm{A+B\text{-}C} \longleftrightarrow [\mathrm{A{\cdots}B{\cdots}C}] \longleftrightarrow \mathrm{A\text{-}B+C}$$

$$\text{反应物} \qquad\qquad \text{过渡态} \qquad\qquad \text{反应产物}$$

　　在 A,B-C 反应体系中,A 接近 B-C 分子中 B 原子引起反应时,B 和 C 之间的共价键的键长开始变长,键的强度开始减弱,B-C 键开始断裂;与此同时,A 和 B 之间的共价键开始形成。旧键开始断裂时吸收的能量较多,新键开始生成时放出的能量较少,放出的能量不足以补偿吸收的能量,所以随着反应的发生,体系能量开始升高(图 6-1 直观地说明了反应体系能量与反应进程的关系)。反应进程继续前进,旧键进一步断裂,新键进一步生成,体系能量随之升高。当反应进程前进到 T 点时,体系的能量达到极大值,这时体系叫过渡态。由于过渡态处于能量曲线上的极大位置,它是不稳定的,是分离不出来的,其结构也是不能直接测定的。到达过渡态后,反应继续沿着反应进程前进,能量逐步下降,最终 B-C 共价键完全断裂,A-B 共价键完全生成,得到产物 A-B 和 C,反应完成。如果反应沿着反应进程后退,能量也下降,最终 B-C 共价键重新生成,A-B 共价键重新断裂,又恢复为反应物 A 和 B-C。

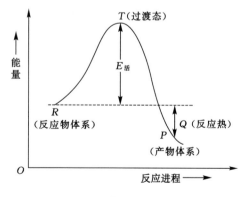

图 6-1　能量-反应进程图

　　在图 6-1 中,T 和 R 之间的能量差就是活化能,R 和 P 之间的能量差是反应热。由于 P 点能量较低,所以上述反应是放热反应,放出的热量等于 Q。由图 6-1 还可以看出,从反应物转变为产物要经历过渡态,也就是要克服一个高度等于活化能的能垒。活化能大,能垒高,反应物越过过渡态困难,反应就慢;反之,活化能小,反应就快。因此,活化能是决定反应速率的主要因素。

6.2　煤中的不同活性官能团

　　煤的物理化学结构决定其自燃性。煤是具有复杂物理化学结构的有机生物岩。煤不同于一般的高分子有机化合物,它具有复杂性、多样性和不均一性等特点。为了形象地描述煤的化学结构,学者们提出了各种煤分子结构模型,图 6-2 为 Wise 煤化学结构模型[41],该模型被认为是比较全面、合理的模型之一。由图 6-2 可以看出,煤中具有大量的官能团,在低温氧化过程中,煤的核心结构,即芳香环几乎不参与反应。葛岭梅教授等认为煤低温氧化过程中起主要作用的官能团有这样几类[13,37]:① 与芳香环相连接的边缘醛基;② 次甲基醚键;③ α 位碳原子带羟基的次烷基键;④ α 位碳原子带支链的次烷基键;⑤ 甲氧基;⑥ α 位碳原子带羟基的烷基侧链;⑦ 两边都与芳香环相连的次甲基键。他们认为这些官能团在氧化时,其活性肯定是不一样的,氧化活性强弱一般为:与芳香环相连接的边缘醛基＞次甲基醚键＞α 位碳原子带羟基的次烷基键＞α 位碳原子带支链的次烷基键＞甲氧基＞α 位碳原子带羟基的烷基侧链＞两边都与芳香环相连的次甲基键。当然,他们提出的煤中官能团种类以及氧化活性的排序还需要进一步通过理论和实验来证实,但是这种认为官能团氧化活性具有差异的思想无疑是非常正确和具有重大意义的。

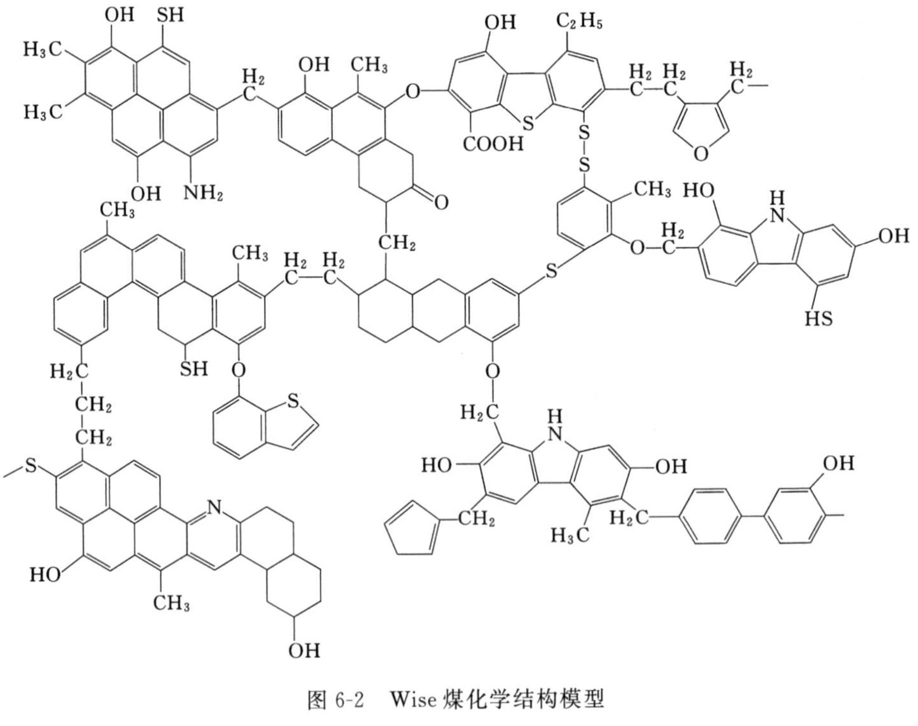

图 6-2　Wise 煤化学结构模型

　　另外,煤低温氧化过程煤结构中官能团的变化规律可以充分证实煤中官能团的活性不一样,也就是官能团与氧的反应性,即发生反应的难易程度不一样。

从第 5 章中的表 5-12 至表 5-16 和图 5-20 至图 5-32 可以总结出不同煤样的官能团数量开始急剧变化的温度范围,如表 6-1 至表 6-4 所示。

表 6-1　40～80 ℃数量突然变少的官能团

峰编号	官能团描述	所属煤样	突变前/突变后峰面积 /(m²/g)
2	芳烃—CH	潘一肥煤	0.30/0.18
4	甲基、亚甲基不对称伸缩振动	北皂褐煤	0.97/0.76
		柴里气煤	1.94/1.35
10	芳香环中 C=C 伸缩振动	北皂褐煤	5.94/5.03
		柴里气煤	7.65/5.74
		李一气肥煤	6.27/4.00
12	甲基剪切振动	柴里气煤	0.16/0.10
15	取代苯类	潘一肥煤	0.37/0.22
16	亚甲基平面振动	柴里气煤	0.61/0.45
		潘一肥煤	0.42/0.32
		百善无烟煤	0.50/0.39

表 6-2　80～120 ℃数量突然变少的官能团

峰编号	官能团描述	所属煤样	突变前/突变后峰面积 /(m²/g)
2	芳烃—CH	李一气肥煤	0.72/0.51
3	甲基	潘一肥煤	0.44/0.35
4	甲基、亚甲基不对称伸缩振动	李一气肥煤	0.78/0.56
5	亚甲基对称伸缩振动	李一气肥煤	0.44/0.32
11	亚甲基剪切振动	李一气肥煤	3.02/1.80
12	甲基剪切振动	北皂褐煤	0.06/0.03
		李一气肥煤	0.11/0.07
15	取代苯类	李一气肥煤	0.48/0.25
16	亚甲基平面振动	李一气肥煤	0.46/0.32

表 6-3　120～160 ℃数量突然变少的官能团

峰编号	官能团描述	所属煤样	突变前/突变后峰面积 /(m²/g)
2	芳烃—CH	柴里气煤	0.31/0.12
		百善无烟煤	0.30/0.22
3	甲基	李一气肥煤	0.10/0.07

表 6-3（续）

峰编号	官能团描述	所属煤样	突变前/突变后峰面积 /(m²/g)
4	甲基、亚甲基不对称伸缩振动	潘一肥煤	0.62/0.16
5	亚甲基对称伸缩振动	北皂褐煤	0.28/0.18
		柴里气煤	0.41/0.20
		潘一肥煤	0.42/0.06
10	芳香环中 C═C 伸缩振动	潘一肥煤	6.60/2.36
11	亚甲基剪切振动	柴里气煤	1.57/1.14
12	甲基剪切振动	潘一肥煤	0.06/0.01

表 6-4 160～200 ℃数量突然变少的官能团

峰编号	官能团描述	所属煤样	突变前/突变后峰面积 /(m²/g)
11	亚甲基剪切振动	北皂褐煤	0.56/0.28
15	取代苯类	北皂褐煤	0.35/0.27
		柴里气煤	0.18/0.06
16	亚甲基平面振动	北皂褐煤	0.28/0.18

由表 6-1 至表 6-4 可以看出，同一种官能团在不同煤样中发生氧化的温度有所不同，其原因是官能团所在的主体结构不同，主体结构会影响该官能团的氧化性，主要是诱导效应和共轭效应的影响[13]。另外，在 80～160 ℃时数量发生突变的官能团种类比较多，而在 160～200 ℃时却比较少，但是这并不意味着在 160～200 ℃时参与反应的官能团比较少。这是因为在其他温度段开始发生反应的官能团仍有可能在参与氧化反应，并且随着温度上升，煤体内的主体结构也开始反应（如开始燃烧时），因此表现出随温度上升氧化放热强度增加的现象。

当然在煤结构中还有多种官能团，并且官能团之间、官能团与煤主体结构之间都会相互影响，从而使其活性发生变化，使得煤中具备几乎在任何温度条件下都能够与氧反应的活性结构。

从上面的分析我们可以初步得出结论，煤低温氧化过程不同结构是在不同氧化温度下发生氧化反应的，这也证明了煤中不同结构的氧化活性不一样，发生反应的难易程度和所需的温度环境都不一样。

6.3 煤自燃不同阶段的表观活化能

绝热氧化过程若不考虑向环境散失的热量，煤自燃动力学方程［见式（3-1）］就简化成为绝热氧化动力学方程：

$$(\rho c_p)_{\text{Coal}} \frac{\partial T}{\partial t} = Q\rho A \, \mathrm{e}^{-E/(RT)} c_{\text{O}_2}^n \qquad (6\text{-}2)$$

对式(6-2)两边取常用对数并经过整理得到：

$$\ln\left(\frac{\partial T}{\partial t}\right) = -\frac{E}{RT} + B \tag{6-3}$$

其中，$B = \ln\left[\dfrac{QAc_{O_2}^n}{(\rho c_p)_{Coal}}\right]$，$B$ 在确定反应过程中为常数。

由式(6-3)可以看出，活化能 E 是 $\ln\left(\dfrac{\partial T}{\partial t}\right)$-$-\dfrac{1}{RT}$ 曲线在温度 T 时的斜率。

通过绝热氧化模拟煤自燃过程(见第 3 章)，获得北皂褐煤、柴里气煤、李一气肥煤、潘一肥煤和百善无烟煤五个不同变质程度煤样(煤样的工业分析和元素分析结果见表 2-3)在绝热条件下的温升曲线(见图 3-8)。

下面对每升温 10 ℃过程的平均活化能进行计算。由于氧气不足会影响氧化升温速率，计算出的活化能不准确，因此仅仅计算氧气充足时反应过程活化能，并且煤自燃在低温阶段最为重要，最能反映出煤自燃特性。计算活化能的方法为作图法，根据式(6-3)，作出反应温度段内 $\ln(dT/dt)$ 与 $-1/(RT)$ 关系的拟合直线，其斜率即该反应温度段的活化能，如图 6-3 至图 6-7 所示。

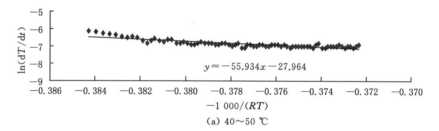

(a) 40～50 ℃

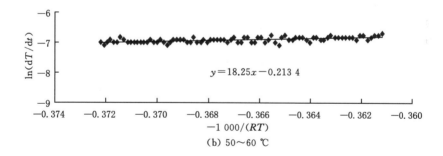

(b) 50～60 ℃

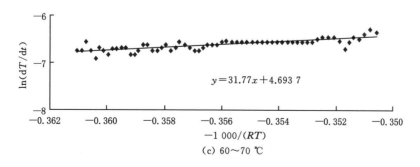

(c) 60～70 ℃

图 6-3　北皂褐煤不同氧化温度活化能计算图

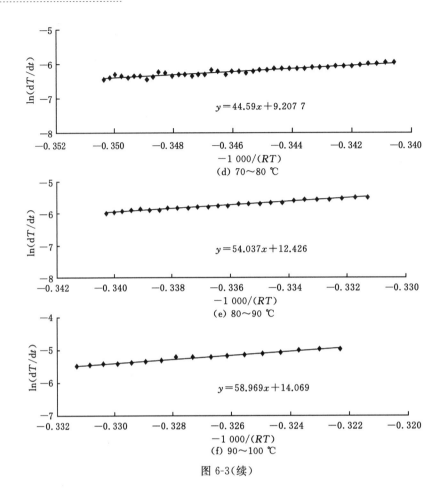

(d) 70～80 ℃

(e) 80～90 ℃

(f) 90～100 ℃

图 6-3(续)

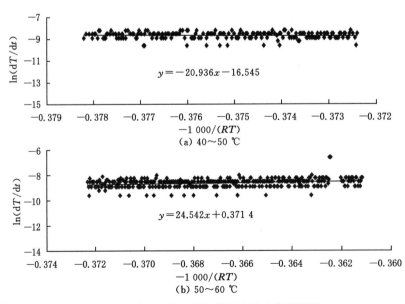

(a) 40～50 ℃

(b) 50～60 ℃

图 6-4　柴里气煤不同氧化温度活化能计算图

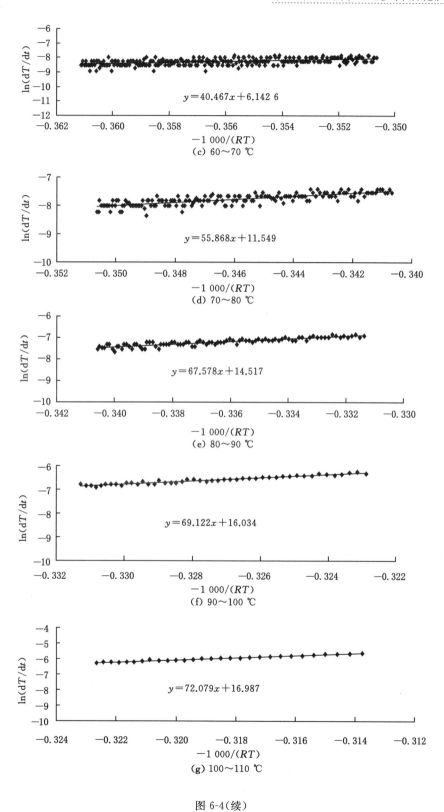

图 6-4(续)

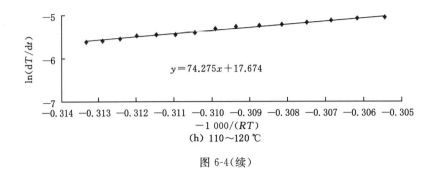

(h) 110~120 ℃

图 6-4（续）

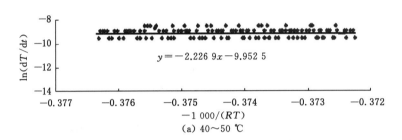

(a) 40~50 ℃

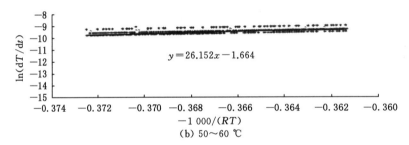

(b) 50~60 ℃

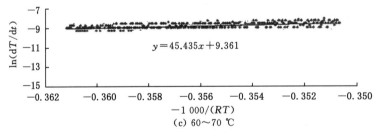

(c) 60~70 ℃

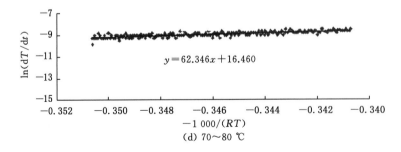

(d) 70~80 ℃

图 6-5 李一气肥煤不同氧化温度活化能计算图

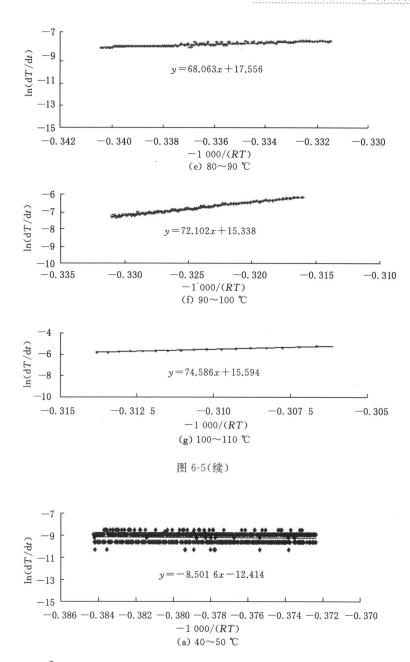

(e) 80～90 ℃

$y = 68.063x + 17.556$

(f) 90～100 ℃

$y = 72.102x + 15.338$

(g) 100～110 ℃

$y = 74.586x + 15.594$

图 6-5（续）

(a) 40～50 ℃

$y = -8.5016x - 12.414$

(b) 50～60 ℃

$y = 19.512x - 1.9684$

图 6-6　潘一肥煤不同氧化温度活化能计算图

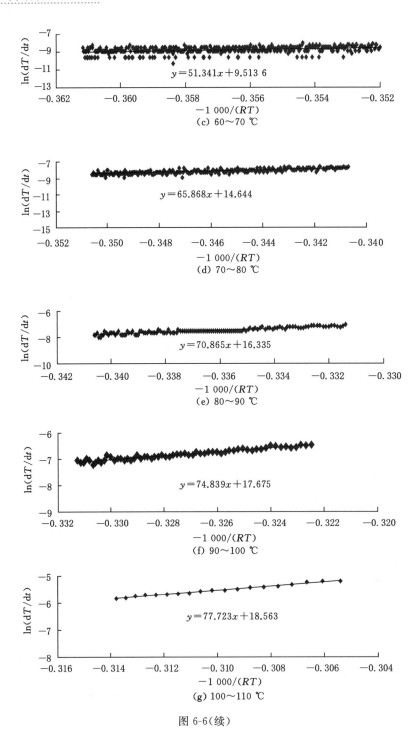

图 6-6（续）

　　根据上面的计算结果，得出煤自燃过程随温度上升氧化反应表观活化能变化趋势，如图 6-8 所示。

　　由图 6-8 可以得出，煤自燃过程表观活化能随温度的升高是逐渐增加的，也就是说煤中的不同结构需要不同的能量使其激活才能够发生氧化反应。另外，在煤刚开始反应阶段求

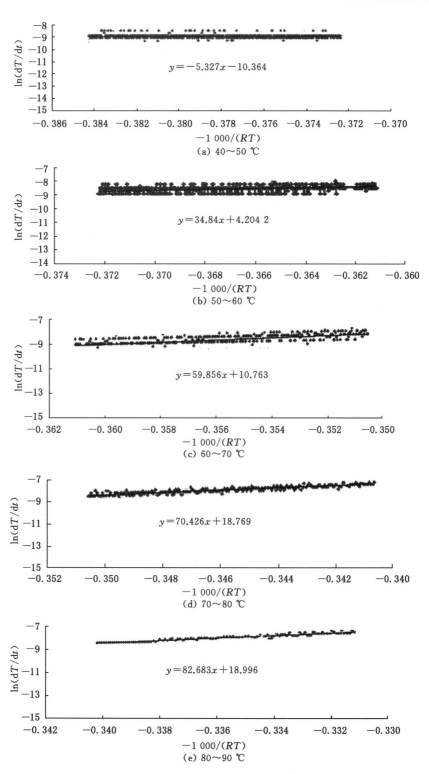

图 6-7　百善无烟煤不同氧化温度活化能计算图

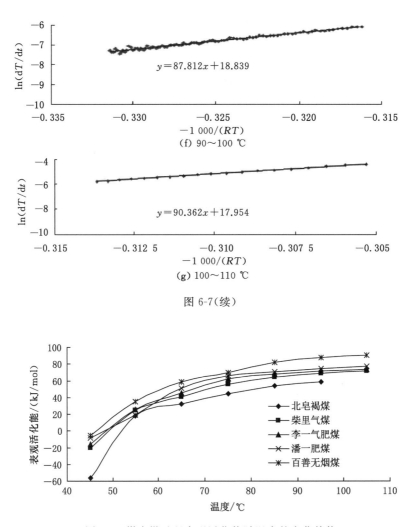

图 6-7(续)

图 6-8　煤自燃过程表观活化能随温度的变化趋势

得的表观活化能为负值,这是由于煤自燃初期物理吸附氧的影响,物理吸附放出热量,并且由于物理吸附速率非常快,煤一接触氧气就以较高的升温速率升温,当物理吸附达到饱和,并开始化学吸附和化学反应时,升温速率达到最小,而后升温速率逐渐变大。因此,在物理吸附起主要作用的阶段,表观活化能为负值,并且物理吸附能力越强的煤,表观活化能的绝对值越大,该规律与煤的物理吸附氧气量有很好的对应关系。

6.4　煤自燃逐步自活化反应机理的阐述

　　通过对煤低温氧化过程结构变化规律,指标气体产生规律,煤自燃过程产热速率,特别是煤自燃过程活化能随温度的变化规律的研究,结合化学反应中分子活化原理,可以对煤自燃机理作这样的阐述:煤中具有多种不同氧化能力的官能团,这些官能团在氧化过程中需要一定能量使其活化才能够发生氧化反应,同时放出热量。煤与氧气一接触就会发生物理吸附和化学吸附,放出热量(在不考虑环境对自燃体系影响的情况下)使煤中最容易活化的,也就是需要活化能较低的结构活化,进而与氧气发生化学反应,在放出热量的同时释放出包括指标气体在内的反应产物;随着最开始氧化反应放出热量使煤体温度上升,体系能量进一步增加,从而使另外一些需要更大活化能的官能团被活化而发生化学反应,释放出更多的热量,使煤体温度进一步上升,体系能量进一步增加,从而又使需要更大活化能的结构和官能团活化而发生氧化反应,使煤体温度不断升高。因此,煤自燃的过程就是一种依靠本身物理吸附热,更主要是氧化产热不断使煤体内需要不同活化能的结构活化并与氧气发生反应而不断放出热量,使体系热量加速增加,达到煤着火点而发生着火燃烧的现象和过程,本书称之为煤自燃逐步自活化反应机理。

6.5　逐步自活化反应理论对自燃现象、规律和特征的解释

基于逐步自活化反应理论,可以对煤自燃过程表现的各种规律和现象进行科学合理的解释。

(1) 煤自燃过程表观活化能随温度上升而增大的原因

煤自燃过程表观活化能随温度上升而增大,这就说明煤中不同结构氧化反应的难易程度不一样。有的结构容易反应,表现出需要的活化能低,即需要的能量低,也就是在温度比较低的环境下就能够发生反应;相反,有的结构氧化反应相对难以发生,需要较高的活化能,也就是需要在较高温度下才能被活化而发生氧化反应。这就是煤自燃过程表观活化能随温度上升不断增大的原因。

(2) 煤低温氧化过程官能团变化规律

由煤不同氧化温度官能团的变化规律可以看出,有的官能团在较低温度就开始减少,而有的在比较高的温度才开始减少(见表 6-1 至表 6-4),这就说明煤中官能团发生氧化反应所需要的温度和能量不同,也就是所需的活化能不同。那么在煤自燃过程中,需要活化能少的结构先发生氧化反应,需要活化能多的后发生反应,这样煤中不同活性的结构(需要不同活化能)会依次逐步发生氧化反应,伴随的是煤体温度不断上升,从而引起煤自然发火。

(3) 煤自燃过程温度上升与热释放速率规律

温度不断上升才能够发生煤自然发火。在绝热条件下,煤低温氧化热释放速率(表现为升温速率)是逐渐增大的,如图 5-10 和图 5-11 所示。其原因在于,越不易于活化而发生氧化反应的官能团一旦发生氧化反应,释放的热量越多。很显然,不太容易反应的官能团只能够在温度较高的环境下发生氧化反应。同时随着温度升高,越来越多的官能团被活化并发生氧化反应,释放更多的热量,甚至在某一温度主体结构也开始发生氧化反应(比如开始燃烧时),因此,煤自燃就表现为一个自加速升温的过程。

(4) 煤自燃过程指标气体产生原因和规律

对于某一煤样来说,不同指标气体开始出现的温度不同,在不同温度下某一指标气体的浓度不同,这是指标气体产生的主要规律。为什么会有这样的规律呢?这是因为煤中不同活性结构在不同温度下被活化发生氧化反应,同时也只有在该温度下该类结构才发生某种断链,形成自由基,该类自由基同已经存在于煤中的其他自由基进行组合,形成特定的指标气体释放出来。随着温度升高,形成的自由基的浓度越来越大[68],因此在低温阶段指标气

体的浓度一般是随温度升高而变大的。另外,不同煤样低温氧化时出现某一指标气体的温度也不一样,但是差别不是太大,一般在一个温度范围内,这是与官能团相连接的主体结构对官能团的影响导致同一类官能团在不同煤样中氧化活性发生改变造成的。

（5）不同煤具有不同的自燃倾向性

煤的自燃倾向性是煤本身氧化能力,即煤的自燃难易程度的度量。如果一种煤结构中存在较多氧化活性高,在较低温度下就能够被活化而发生氧化反应的官能团,那么只需要较低的活化能,也就是在较低温度下就能够发生大量的氧化反应,产生相对较多的热量,使该煤升温速率较快,从而其自然发火期短,自燃倾向性也就比较强。

（6）煤自燃的第一推动力是煤物理吸附氧

根据煤自燃模拟实验及活化能的求解可知,在煤开始与氧气接触阶段,活化能为负值,煤物理吸附放出热量,使煤体温度微小升高,但升温速率相对较快。物理吸附同时还为煤的化学吸附和化学反应提供了氧,最重要的是物理吸附热使煤中活化能非常低的结构,也就是氧化活性最大最易反应的结构得到足以克服能垒的能量而与氧发生反应,放出热量,使得煤自燃进程向前发展。

第 7 章 基于低温氧化活化能的煤自燃倾向性鉴定

煤的自燃倾向性,即煤自燃难易程度,是煤低温氧化性的体现,是煤的内在属性之一[3,12-13]。不同煤层、不同矿井的煤具有不同的自燃倾向性。煤自燃倾向性是煤矿防灭火等级划分的唯一依据,并且所有防灭火技术与措施都建立在煤自燃倾向性鉴定基础之上[14]。因此,科学地鉴定煤自燃倾向性对于矿井防灭火和煤炭储运过程是至关重要的。世界主要产煤国家根据本国煤层自然发火实际情况制定了不同的煤自燃倾向性鉴定标准。这些标准绝大部分是在对煤自燃过程进行模拟或者对煤进行低温或高温氧化等实验基础之上,提取某一个或某几个参数作为煤自燃倾向性鉴定指标[15]。

7.1 我国现行煤自燃倾向性鉴定方法

目前我国采用动态物理吸附氧的方法来鉴定煤自燃倾向性,即色谱吸氧鉴定法[16-17]。该方法以每克干煤在常温(30 ℃)、常压(101 325 Pa)下的物理吸附氧量作为分类的主指标,将煤的自燃倾向性等级按表 7-1 和表 7-2 进行分类。

表 7-1 煤样干燥无灰基挥发分 $V_{daf} > 18\%$ 时自燃倾向性分类

自燃倾向性等级	自燃倾向性	煤的吸氧量 $V_d/(cm^3/g)$
I	容易自燃	$V_d > 0.70$
II	自燃	$0.40 < V_d \leqslant 0.70$
III	不易自燃	$V_d \leqslant 0.40$

表 7-2 煤样干燥无灰基挥发分 $\leqslant 18\%$ 时自燃倾向性分类

自燃倾向性等级	自燃倾向性	煤的吸氧量 $V_d/(cm^3/g)$	全硫/%
I	容易自燃	$V_d \geqslant 1.00$	$\geqslant 2.00$
II	自燃	$V_d < 1.00$	
III	不易自燃		< 2.00

我国现行煤自燃倾向性鉴定方法显然不足以体现煤自燃的本质特性,表现在:

(1)煤自燃过程不但有物理吸附氧,而且还包括更重要的煤与氧的化学吸附和化学反应过程[3,12-13,21,37]。煤自燃最主要的原因是煤氧化过程释放热量,并且热量不断积累导致煤体温度不断上升直至达到煤的着火点而自发燃烧起来,这一观点得到了所有学者的认同并形成定论[25,32,97-100]。但是,我国现行煤自燃倾向性鉴定仪仅测试出煤在 30 ℃时物理吸附氧量的大小来确定煤的自燃倾向性,根本体现不出煤自燃过程煤与氧的化学反应放热特性,并且国际上也没有采用这类鉴定方法[15]。

（2）我国现行煤自燃倾向性鉴定方法采用的是一种间接的测试方法,并且还没有证据表明煤在某一温度点对氧的吸附能力同煤的自燃倾向性有必然的联系。煤物理吸附氧的能力与煤表面性质和孔隙结构相关,是煤物理特性的一种表现[28,101]。同时,在低温环境下煤的吸氧量也不代表参加氧化反应的氧气量,参加氧化反应的氧气量主要取决于煤中具有氧化反应活性的结构数目,也就是说煤自燃特性更多表现为煤化学特性。因此,只有对煤低温氧化特性的测试才能真正反映煤的自燃倾向性。

（3）我国现行煤自燃倾向性鉴定对不同煤种的分类标准不一样（表 7-1 和表 7-2）[16-17],即鉴定结果及分类与煤种挂钩,如相同的物理吸附氧气量,要考虑是褐煤、烟煤或者无烟煤,是否是高硫煤等,采用双重标准,这也缺乏科学依据,显然不能够统一度量煤的自燃倾向性的强弱,更不能够解释煤物理吸附氧能力与煤自燃倾向性之间的关系。无烟煤的自燃倾向性一般较褐煤和烟煤低,但是大部分无烟煤的吸氧量反而较大,这就与该鉴定方法的分类原则相矛盾。

（4）煤物理吸附氧量是随温度而变化的,按照某一恒定温度（30 ℃）的吸附结果来判定煤的吸氧量体现不出煤自燃的过程特性。

7.2　绝热氧化鉴定煤自燃倾向性的理论基础

对煤自燃倾向性鉴定科学的方法就是对煤自燃过程模拟,按照煤自燃过程本身表现出来的特征来说明和鉴定煤的自燃倾向性,并在此基础上提出反映煤低温氧化动力学特性的参数作为煤自燃倾向性鉴定指标。

由于煤自燃倾向性是煤的内在特性之一,因此对煤自燃倾向性鉴定所进行的煤自燃过程模拟需要尽可能消除外在因素的影响,这就是绝热氧化鉴定煤自燃倾向性的理论根据。

在鉴定过程中可以采取措施尽可能消除外在因素的影响（即热传导、对流换热和水分的影响,绝热氧化法模拟煤自燃过程详见第 3 章）,就得到煤自燃倾向性动力学方程（煤绝热氧化动力学方程与煤自燃倾向性动力学方程具有一致性）：

$$(c_p)_{coal} \frac{\partial T}{\partial t} = QA e^{-E/(RT)} \qquad (7-1)$$

式(7-1)等号右边项中的活化能 E 是煤低温氧化动力学的核心参数,代表煤低温氧化能力,即煤的自燃倾向性。

活化能的概念和意义,在 6.1 节已经有比较充分的论述,在复杂反应和总包反应中通过实验计算出来的活化能只是实验活化能,或称之为表观活化能。活化能大,能垒高,反应物越过过渡态困难,反应就慢;反之,活化能小,反应就快。活化能是决定反应速率的主要因素。因此,活化能可从动力学角度来度量一个反应进行的难易程度。煤具有特别复杂的物理化学结构,煤的氧化也是特别复杂的化学过程,但是该过程是简单反应表现出来的总和,可以用统计活化能的观点对煤低温氧化过程进行研究,也就可以用其对煤的自燃倾向性进行度量。

利用煤自燃倾向性动力学方程（煤绝热氧化动力学方程）来计算煤低温氧化过程活化能在 6.3 节也进行了充分的说明。另外，煤绝热氧化的测试过程、测试煤样和温升曲线都在第 3 章作了交代。

7.3　绝热氧化的煤自燃倾向性指标

7.3.1　自燃倾向性指标选择

通过理论分析和实验测定，选择 40～70 ℃绝热氧化活化能作为煤自燃倾向性鉴定与分类指标，其理由如下：

（1）煤自燃关键阶段是其低温阶段，对于现场防灭火实践来说，如果煤体温度达到 70 ℃左右，就认为煤已经自燃起来并且难以控制火势的发展了。在某些高温矿井环境温度可能达到 40 ℃，因此选择起点温度为 40 ℃。

（2）由煤的温升曲线（见图 3-8）和煤的氧化升温速率（见图 5-10）和产热速率（见图 5-11）计算结果来看，煤在低温氧化阶段（40～70 ℃）的升温速率和活化能具有比较稳定的数值。

（3）煤自燃过程受氧化动力学方程控制，而活化能是氧化动力学的核心参数，因此选择该参数作为煤自燃倾向性鉴定指标。同时该指标充分反映了煤的低温氧化特性（详见第 6 章），特别是反映了煤自燃的过程特性。

7.3.2　40～70 ℃煤绝热氧化活化能计算

按照作图计算活化能的方法，得出五种鉴定煤样在 40～70 ℃时的平均表观活化能，如图 7-1 所示。

7.3.3　基于煤低温氧化活化能的煤自燃倾向性初步分类

按照上述理由，初步按表 7-3 对煤的自燃倾向性进行分类。

表 7-3　基于煤低温氧化活化能的煤自燃倾向性初步分类

自燃倾向性等级	自燃倾向性	煤低温氧化活化能/(kJ/mol)
Ⅰ	极易自燃	≤25
Ⅱ	易自燃	<25～35
Ⅲ	自燃	<35～45
Ⅳ	不易自燃	>45

我国现行《煤矿安全规程》规定煤自燃倾向性只分为容易自燃、自燃和不易自燃三类。但是这样的分类在实践过程中显得比较粗糙，给煤矿自燃火灾的防治带来了资源浪费并且

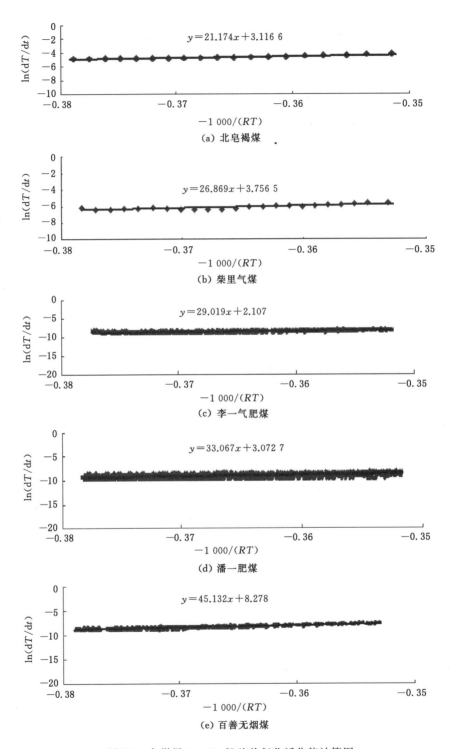

图 7-1　各煤样 40~70 ℃绝热氧化活化能计算图

指导效果不明显等方面的影响,因此本书将煤自燃倾向性划分为四类。根据表 7-3 的分类,北皂褐煤为极易自燃煤,柴里气煤、李一气肥煤、潘一肥煤为易自燃煤,而百善无烟煤为不易自燃煤。

当然,由于测试煤样相对较少(目前测试了 20 多个煤样),表 7-3 中的分类指标仅仅是一个初步分类方案。我们还需要在测试大量具有代表性的煤样基础上,对我国煤炭自然发火实际情况进行充分调研后,拟定一个更为合理可行的分类方案。

7.4　煤低温氧化活化能对煤自燃倾向性的反映程度

图 7-1 中拟合直线的斜率就是各煤样 40～70 ℃绝热氧化过程的平均表观活化能,总结在表 7-4 中。活化能越低的煤的自燃倾向性越强,即北皂褐煤＞柴里气煤＞李一气肥煤＞潘一肥煤＞百善无烟煤。表 7-4 同时还给出了按我国现行煤自燃倾向性鉴定方法测试的各煤物理吸氧量及自燃倾向性分类,另外还通过现场调研获得各煤的现场统计平均自然发火期。

表 7-4　煤自燃倾向性相关指标

煤样	北皂褐煤	柴里气煤	李一气肥煤	潘一肥煤	百善无烟煤
活化能/(kJ/mol)	21.17	26.87	29.02	33.07	45.13
按表 7-3 分类	极易自燃	易自燃	易自燃	易自燃	不易自燃
物理吸氧量/(mL/g)	1.404	0.599	0.420	0.558	0.807
按物理吸氧量分类	容易自燃	自燃	自燃	自燃	不易自燃
自然发火期/d	18	45	60	90	无自燃记录

图 7-2 显示利用活化能鉴定煤自燃倾向性与统计自然发火期的线性拟合效果相当好,这充分说明煤低温氧化过程的活化能能反映煤低温氧化能力,即煤自燃倾向性。由图 7-2 还可以看出,煤低温氧化活化能与煤的自然发火期呈一定的正比关系。但图 7-3 显示煤物理吸氧量与煤自燃实际情况(现场统计自然发火期)线性拟合效果非常差,不能反映煤的自燃倾向性,与煤矿现场的自然发火实际情况相差甚远。因此,如果用物理吸氧量来鉴定煤自燃倾向性,就有可能将不易自燃煤鉴定成自燃煤,或者将容易自燃煤鉴定为不易自燃煤,从而不能正确指导煤自燃火灾的防治工作。

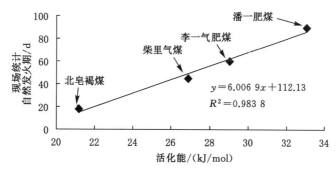

图 7-2　低温氧化活化能与自然发火期对应关系

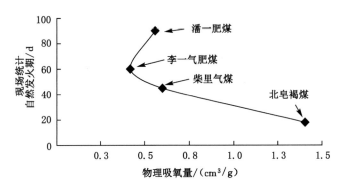

图 7-3　自然发火期与物理吸氧量对应关系示意

第 8 章　总结与展望

8.1　主要结论

本书对煤自燃过程表现的宏观特性和微观结构变化进行了实验和理论研究,特别是研究了两者之间的关系,主要得出了如下研究成果和结论:

(1) 煤自燃过程物理吸附氧主要起输送氧,不断地使煤体微小升温,并为煤自燃提供第一动力的作用。氧气要在煤的孔隙中运动,其运动规律取决于煤中的孔隙特性。在对煤中孔隙进行分析和测试的基础上,建立了基于煤自燃过程的煤孔隙结构模型,并提出了氧气在煤孔隙中的流动主要为层流流动、扩散流动和反应性流动等模式。氧气在煤体中流动最直接的结果就是发生物理吸附。为了研究煤在某一状态下物理吸附氧的规律,对不同吸附时间、环境温度和粒度条件下的煤物理吸附氧气量进行了测试。结果表明,1 min 左右煤物理吸附氧就达到吸附平衡,随温度上升吸附氧量明显减少,粒度在 100 目(0.15 mm)时煤物理吸附氧气量最大,并计算了静态物理吸附氧的热效应。同时,本书指出在煤自燃过程中,物理吸附是一动态过程,即物理吸附在一定条件下转化为化学吸附,化学吸附氧最终与煤中的活性基团发生氧化反应,也就是煤自燃过程所有消耗的氧均要经历物理吸附过程,因此煤自燃过程物理吸附氧的热效应远远大于静态物理吸附氧的热效应,并对这种热效应进行了理论计算。另外,本书提出了一种煤低温氧化耗氧量新的测试方法,可定量求得每克煤在某一氧化温度下的耗氧量,这个耗氧量也是煤在整个氧化过程中的物理吸附氧气量,同时对氧化时间和氧化温度与耗氧量的关系进行了考察,可以采用单位质量煤样在氧化过程中的耗氧量判断该煤自燃倾向性。

(2) 模拟煤自燃过程是研究煤自燃特性的最直接和最有效的方法之一。在提出煤自燃动力学方程的基础上,将影响煤自燃过程的外部因素去除,就获得了煤绝热氧化动力学方程,并根据该方程研制了基于绝热氧化的煤自燃模拟系统,在国内率先实现了小煤样煤自然发火过程模拟,并对具有代表性的五个煤样(从褐煤到无烟煤)进行了多次模拟测试,获得了煤在理想状态(即绝热)条件下的温升曲线。该系统采用的绝热煤样罐、预热气路和跟踪升温方式的绝热措施,使煤在氧化过程中产生的热量尽可能被保留在煤体中并使煤体温度不断上升。

(3) 对煤自燃过程的研究不仅可以用绝热氧化模拟的方法,也可以采用程序升温的方法。采用程序升温法时对煤样进行一定程度的加热使其加速氧化来研究煤的低温氧化规律,该方法最大的优点是可以快速比较不同煤样的氧化能力的差异。在程序升温法的基础上,提出了一种新的研究煤低温氧化过程的参比氧化实验方法,即对氧化煤样罐通入氧气使煤氧化,对参比煤样罐通入氮气作为比较,同时提出了参比氧化法的理论模型,并根据该模型推导出了煤低温氧化产热速率的计算方法与公式。对不同变质程度的煤样进行实验,得出了参比氧化过程中氧化煤样温度、参比煤样温度、氧化与参比煤样温度差以及煤的低温氧化过程产热速率,并对煤的自燃倾向性进行了比较,同时分析了内外影响因素对煤自燃过程的影响。结果表明,煤在实际自燃过程中宏观上呈现四个不同的阶段。从环境温度到70～80 ℃为第一阶段,该阶段主要有三种产热方式,即物理吸附放热、化学吸附放热和化学反应放热,这三种产热效应叠加使总的产热速率呈现加速状态;第二阶段从70～80 ℃到煤的内在水分开始影响煤的氧化,该阶段主要以化学反应产生热量为主;第三阶段从内在水分作用到贫氧氧化开始;第四阶段为贫氧氧化阶段。

（4）煤自燃表现出来的宏观现象,主要体现在指标气体和热两个方面。本书研究认为煤自燃过程指标气体产生主要是由于煤低温氧化过程产生大量自由基,自由基相互结合而形成不同种类和浓度的气体产物。由指标气体实验数据得出指标气体一般在宏观上表现出这样几个特性:① 对于特定的某一种煤样来说,不同指标气体开始出现的温度不同;② 对于不同种类的煤,或者说对于氧化性和自燃倾向性不同的煤,同一种指标开始出现的温度也不同;③ 指标气体在低温阶段一般随温度上升而增加,而在温度比较高的阶段,某些指标气体浓度上升速率变慢,甚至下降。上述指标气体产生特性可以用自由基的产生和反应的规律进行解释。煤中不同活性结构在不同温度下被活化发生氧化反应,同时也只有在这种温度下该类结构才发生某种断链,形成自由基,该类自由基同已经存在于煤中的其他自由基进行组合,形成特定的指标气体释放出来。随着温度升高,产生的自由基的浓度越来越高,因此在低温阶段指标气体的浓度一般随温度升高而变大。

低温氧化过程中煤体的物理结构变化,特别是孔隙的变化不是很明显,煤体中的总孔容和累计表面积随煤的氧化温升而略有变大趋势,但是都比较微弱,这是因为煤低温氧化强度较低。

对煤低温氧化过程官能团变化进行红外光谱分析发现,煤中大部分官能团随氧化温度上升其数量不断减少,这些官能团均是还原性较强的基团,是与煤中主体芳香环连接的支链结构。与此同时,醛、酮、酯类羰基、芳香酮、醛类羰基等含氧基团或者从无到有,或者数量不断增加。根据煤低温氧化过程各种官能团的变化规律,对各官能团的氧化反应作了初步推导,官能团的氧化过程是解释煤自燃过程宏观现象和微观机理的纽带。

（5）在对煤自燃过程中的结构变化情况、指标气体的产生情况、产热速率,特别是活化能随温度的变化规律等进行综合分析后,结合化学反应中分子和官能团活化的理论,提出了煤自燃逐步自活化反应理论,即煤自燃过程是由于煤结构中不同官能团(活性结构)活化需要的温度与能量不一样,先被活化而发生氧化反应的官能团释放能量使其他需要更高温度和能量的官能团活化而进一步与氧发生反应释放更多能量,不同官能团依次分步渐进活化而与氧发生反应的自加速升温过程。煤自燃逐步自活化反应理论能更好地解释煤自燃过程表现出的一般规律、现象及特征。

（6）分析了我国现行煤自燃倾向性鉴定方法的不足之处,并在对煤自燃过程进行充分研究的基础上,特别是在煤自燃逐步自活化反应理论指导之下,提出了基于绝热氧化过程的低温氧化活化能作为煤自燃倾向性的鉴定指标,对不同煤种的煤样进行了低温氧化活化能的测试和计算,提出了低温氧化活化能作为指标的煤自燃倾向性鉴定分类方案。

8.2　主要创新点

（1）建立了基于煤自燃的煤层孔隙模型，提出了氧气在不同性质的孔隙中具有层流流动、扩散流动和反应性流动的运动规律。首次提出了煤物理吸附氧气的三个作用：输送氧、动态使煤体微小升温、煤自燃的第一动力。同时，对于单一氧气分子来说，在煤自燃过程中要经历物理吸附、化学吸附和化学反应三个相互区别又相互联系的反应阶段。

（2）发明了煤低温氧化过程耗氧量的静态测试方法和实验系统，并进行了系列实验，获得了单位质量煤在某一条件下氧化过程的耗氧量，根据耗氧量可以初步判断煤的自燃倾向性。

（3）建立了煤自燃过程动力学方程、绝热氧化动力学方程和煤自燃倾向性动力学方程。研制了煤自燃绝热氧化测试装置，成功实现了小煤样绝热氧化过程模拟，获得了煤本身氧化产生的热量使煤体温度不断上升的温升曲线，即模拟出了煤在最优条件下的自然发火过程。

（4）在程序升温方法的基础上，提出采用参比氧化法测试煤在有外界环境影响下的低温氧化过程，建立了相关模型，得出煤的实际自燃过程宏观上呈现的四个不同阶段：从环境温度到 70～80 ℃ 为第一阶段，该阶段主要有三种产热方式，即物理吸附放热、化学吸附放热和化学反应放热，这三种产热效应叠加使总的产热速率呈现加速状态；第二阶段从 70～80 ℃ 到煤的内在水分开始影响煤的氧化，该阶段主要以化学反应产生热量为主；第三阶段从内在水分作用到贫氧氧化开始；第四阶段为贫氧氧化阶段。

（5）利用傅立叶变换红外光谱对煤低温氧化过程结构变化进行了测试，获得了在不同温度下不同变质程度煤完全氧化后官能团的变化情况：煤中大部分官能团随氧化温度上升其数量不断减少，这些官能团均是还原性较强的基团；醛、酮、酯类羰基、芳香酮、醛类羰基等含氧基团或者从无到有，或者数量不断增加。官能团的氧化过程和变化规律是解释煤自燃过程宏观现象和微观机理的纽带。

（6）提出煤自燃过程指标气体产生主要是由于煤低温氧化过程产生大量自由基，自由基相互结合而形成不同种类和浓度的气体产物释放出来。同一指标气体在不同煤样中开始出现的温度不一样，浓度的变化情况也各不相同；同一煤样低温氧化产生的不同指标气体的温度也不一样，并且各指标气体浓度之间存在比较大的差别；指标气体随温度的上升浓度普遍逐渐变大。出现上述现象的原因在于：煤中不同活性结构在不同温度下被活化发生氧化反应，同时也只有在该温度下该类结构才发生某种断链，形成自由基，该类自由基同已经存在于煤中的其他自由基进行组合，形成特定的指标气体释放出来。随着温度升高，产生的自由基的浓度越来越大，因此在低温阶段指标气体的浓度一般随温度升高而变大。

（7）在对煤自燃过程进行模拟和程序升温研究的基础上，在有机反应过程的活化反应的理论支持下，从煤自燃过程宏观表现和微观结构变化规律相结合的角度，提出了煤自燃逐步自活化反应理论，即煤自燃过程是由于煤结构中不同官能团（活性结构）活化需要的温度与能量不一样，先被活化而发生氧化反应的官能团释放能量使其他需要更高温度和能量的官能团活化而进一步与氧发生反应释放更多能量，不同官能团依次分步渐进活化而与氧发生反应的自加速升温过程。

（8）在对煤自燃过程研究的基础上，结合煤自燃逐步自活化反应理论，提出了基于绝热氧化过程的煤低温氧化活化能作为煤自燃倾向性鉴定和分类的指标。

8.3 研究工作展望

本书在继承和发展前人的研究方法和研究成果的基础上,提出了一些新的研究思路和方法,对煤自燃过程进行了较系统的研究和论述,提出了对煤自燃机理的新认识,还提出了对煤自燃倾向性鉴定的新方法和新标准。但是,由于煤具有复杂的物理化学结构,并且具有多样性,在世界上找不到完全相同的两块煤,同时由于影响煤自燃过程的内外因素多,煤自燃研究是一难度较大的课题,加上撰写时间紧张,研究条件的限制和作者研究水平所限等,本书还有许多不完善之处,作者认为在今后的工作中还需要在以下几个方面开展更多的研究。

(1)继续完善煤自燃模拟测试系统

煤自燃模拟测试是研究煤自燃最直接最有效的方法,同时还可以研究内外影响因素对煤自燃过程的作用。但是由于煤自燃是煤的低温氧化过程的一种特殊表现形式,特别是在 $60 \sim 80\ ℃$ 以下时,煤低温氧化产生热量极为微弱,测试时间长,需要采用非常绝热的措施才能将微小的热量保留在煤样中,因此提高煤自燃模拟过程绝热性是煤自燃研究的重要方向。

(2)大量测试不同煤的自燃倾向性

煤自燃倾向性测试是直接为实践服务的,关系重大。煤的物理化学结构与煤的自燃倾向性存在必然的联系,通过实验和统计的方法找出这种联系是今后研究煤自燃倾向性的重要方向。同时,应优选煤自燃倾向性鉴定指标,对不同煤质、不同区域、不同内在因素影响的煤的自燃倾向性建立数据库。另外,现有的煤自燃倾向性测试鉴定方法比较复杂,测试时间相对较长,这些都是需要急切解决的问题。

(3)煤化学吸附氧的过程及其在煤自燃过程中的作用

对煤的物理吸附研究比较深入,而对煤低温氧化过程存在的化学吸附的研究比较少。化学吸附在煤自燃过程中的作用,以及其与物理吸附和氧化反应的关系等都需要进一步研究。

(4)煤低温氧化过程指标气体产生的自由基理论的证实

本书提出煤自燃过程指标气体产生是由于煤低温氧化过程产生了大量不同种类的自由基。煤低温氧化过程煤结构中官能团或者其他结构从煤主体结构上断裂开来,从而产生不同种类不同浓度的自由基,这些自由基相互按照一定的规则进行组合反应,形成了不同种类和浓度的指标气体。但是该理论还需要从煤低温氧化过程产生自由基的机理,自由基在低温氧化过程中的浓度变化,各种自由基相互反应规律等方面进行研究,以证实该理论的正确性。

(5)煤低温氧化过程结构变化的细化研究

虽然煤的化学结构非常复杂,并且不同煤具有不同的煤分子结构,但是就煤的低温氧化过程来说,参与氧化的一般是表面活性基团。可以采用统计学的原理来研究煤的结构,找出一般的氧化规律。由于低温氧化过程煤结构的变化比较微小,因此在煤结构变化测试过程中需要更为仔细地进行定性定量研究。同时,对官能团的氧化过程及其热效应还应该作进一步深入研究,这是了解煤自燃微观机理最核心的部分。

（6）耗氧量测试的系统化研究

煤反应有两个主体：一是煤；二是氧。研究煤自燃过程煤结构的变化和煤结构的氧化特性能够比较深入理解煤的自燃规律。我们可以将煤看作一个整体与氧发生反应，而氧的消耗量在一定程度上体现了煤的氧化特性，特别是煤的氧化能力，即煤的自燃倾向性。因此，可以通过测试煤低温氧化过程来对煤自燃倾向性进行鉴定，这不失为一种简单快捷的方法。但该测试方法依据的理论基础和测试过程的标准化还需要进一步完善。

参 考 文 献

[1] 范维澄,余明高.能源化工行业安全生产形势分析和关键技术[M].合肥:中国科学技术大学出版社,2002:85-109.

[2] 黄素逸.能源科学导论[M].北京:中国电力出版社,1999.

[3] 王省身,张国枢.矿井火灾防治[M].徐州:中国矿业大学出版社,1989.

[4] 胡社荣,蒋大成.煤层自燃灾害研究现状与防治对策[J].中国地质灾害与防治学报,2000,11(4):69-72.

[5] 管海晏,亨特伦,谭永杰,等.中国北方煤田自燃环境调查与研究[M].北京:煤炭工业出版社,1998.

[6] JONES J C.Towards an alternative criterion for the shipping safety of activated carbons[J].Journal of loss prevention in the process industries,1998,11(6):407-411.

[7] 李树刚,徐精彩.地面储煤堆自燃规律及测试方法[J].西安矿业学院学报,1994,14(4):299-303.

[8] 梁俊芳,詹宏.一起由煤层自燃引起采空区瓦斯爆炸事故浅析[J].煤矿安全,1995,26(9):30-31.

[9] 罗海珠,梁运涛,吕国金.高瓦斯易燃特厚煤层综放开采自燃防治技术[J].煤炭科学技术,2002,30(9):1-4.

[10] 秦波涛.防治煤炭自燃的三相泡沫理论与技术研究[D].徐州:中国矿业大学,2008.

[11] 李增华.煤炭自燃的自由基反应机理[J].中国矿业大学学报,1996,25(3):111-114.

[12] 秦书玉,赵书田,张永吉.煤矿井下内因火灾防治技术[M].沈阳:东北大学出版社,1993.

[13] 徐精彩.煤自燃危险区域判定理论[M].北京:煤炭工业出版社,2001.

[14] 国家安全生产监督管理局,国家煤矿安全监察局.煤矿安全规程[M].北京:煤炭工业出版社,2022.

[15] ZHOU F B,WANG D M.Directory of recent testing methods for the propensity of coal to spontaneous combustion[J].Journal of fire sciences,2004,22(2):91-96.

[16] 煤炭部煤矿安全标准化技术委员会.煤自燃倾向性色谱吸氧鉴定法:MT/T 707—1997[S].北京:中国标准出版社,1997.

[17] 戚颖敏,钱国胤.煤自燃倾向性色谱吸氧鉴定法与应用[J].煤,1996,5(2):5-9.

[18] 文虎,徐精彩,葛岭梅,等.煤自燃性测试技术及数值分析[J].北京科技大学学报,2001,23(6):499-501.

[19] 邓军,徐精彩,徐通模,等.煤自燃性参数的测试与应用[J].燃料化学学报,2001,29(6):
553-556.

[20] 罗海珠.煤低温氧化自热热物理特性研究[D].徐州:中国矿业大学,2001.

[21] 陆伟,王德明,周福宝,等.绝热氧化法研究煤的自燃特性[J].中国矿业大学学报,
2005,34(2):213-217.

[22] 陆伟,王德明,仲晓星,等.基于活化能的煤自燃倾向性研究[J].中国矿业大学学报,
2006,35 (2):201-205.

[23] BEAMISH B B,BARAKAT M A,ST GEORGE J D.Adiabatic testing procedures
for determining the self-heating propensity of coal and sample ageing effects[J].
Thermochimica acta,2000,362(1/2):79-87.

[24] CHEN X D,STOTT J B.The effect of moisture content on the oxidation rate of coal
during near-equilibrium drying and wetting at 50 ℃[J].Fuel,1993,72(6):787-792.

[25] CHEN X D.Safer estimates of time-to-ignition of reactive porous solid of regular
shapes[J]. Chemical engineering and processing:process intensification, 1997,
36(3):195-200.

[26] CHEN X D,STOTT J B.Calorimetric study of the heat of drying of a subbituminous
coal[J].Journal of fire sciences,1992,10(4):352-361.

[27] REN T X,EDWARDS J S,CLARKE D.Adiabatic oxidation study on the propensity
of pulverised coals to spontaneous combustion[J].Fuel,1999,78(14):1611-1620.

[28] VANCE W E, CHEN X D, SCOTT S C. The rate of temperature rise of a
subbituminous coal during spontaneous combustion in an adiabatic device:the effect
of moisture content and drying methods[J].Combustion and flame,1996,106(3):
261-270.

[29] JONES J C.A new and more reliable test for the propensity of coals and carbons to
spontaneous heating[J].Journal of loss prevention in the process industries,2000,
13(1):69-71.

[30] JONES J C. Steady behaviour of long duration in the spontaneous heating of a
bituminous coal[J].Journal of fire sciences,1996,14(2):159-166.

[31] JONES J C.An examination and assessment of basket heating tests to determine
propensity to spontaneous combustion (invited paper)[C]//Proceedings of the 24th
international conference on fire safety,1997:179-190.

[32] CHEN X D,STOTT J B.Oxidation rates of coals as measured from one-dimensional
spontaneous heating[J].Combustion and flame,1997,109(4):578-586.

[33] MIRON Y,SMITH A C,LAZZARA C P.Sealed flask test for evaluating the self-
heating tendencies of coals[R].[S.l.:s.n.],1990.

[34] KÜÇÜK A, KADIOĞLU Y, GÜLABOĞLU M Ş. A study of spontaneous combustion
characteristics of a Turkish lignite:particle size, moisture of coal, humidity of air[J].
Combustion and flame,2003,133(3):255-261.

[35] SENSOGUT C,CINAR I.A research on the tendency of Ermenek district coals to

spontaneous combustion[J].Mineral resources engineering,2000,9(4):421-427.

[36] 刘剑,王继仁,孙宝铮.煤的活化能理论研究[J].煤炭学报,1999,24(3):316-320.

[37] 葛岭梅,薛韩玲,徐精彩,等.对煤分子中活性基团氧化机理的分析[J].煤炭转化,2001,24(3):23-28.

[38] 周世宁.瓦斯在煤层中流动的机理[J].煤炭学报,1990,15(1):15-24.

[39] 赵志根,蒋新生.谈煤的孔隙大小分类[J].标准化报道,2000(5):23-24.

[40] 程传煊.表面物理化学[M].北京:科学技术文献出版社,1995.

[41] 虞继舜.煤化学[M].北京:冶金工业出版社,2000.

[42] 徐烈,朱卫东,汤晓英.低温绝热与贮运技术[M].北京:机械工业出版社,1999.

[43] 陈代珣.渗流气体滑脱现象与渗透率变化的关系[J].力学学报,2002,34(1):96-100.

[44] 林瑞泰.多孔介质传热传质引论[M].北京:科学出版社,1995.

[45] 何学秋,聂百胜.孔隙气体在煤层中扩散的机理[J].中国矿业大学学报,2001,30(1):1-4.

[46] 聂百胜,何学秋,王恩元.瓦斯气体在煤孔隙中的扩散模式[J].矿业安全与环保,2000,27(5):14-16.

[47] 徐精彩,薛韩玲,文虎,等.煤氧复合热效应的影响因素分析[J].中国安全科学学报,2001,11(2):31-36.

[48] 顾惕人,朱步瑶,李外郎,等.表面化学[M].北京:科学出版社,1994.

[49] 程远平,李增华.煤炭低温吸氧过程及其热效应[J].中国矿业大学学报,1999,28(4):310-313.

[50] 马汉鹏,陆伟,王德明,等.煤自燃过程物理吸附氧的研究[J].煤炭科学技术,2006,34(7):26-29.

[51] 陆伟,王德明,戴广龙,等.煤物理吸附氧的研究[J].湖南科技大学学报(自然科学版),2005,20(4):6-10.

[52] 张辛亥,徐精彩,邓军,等.煤的耗氧速度及其影响因素恒温实验研究[J].西安科技学院学报,2002,22(3):243-246.

[53] 邓军,徐精彩,李莉,等.煤的粒度与耗氧速度关系的实验研究[J].西安交通大学学报,1999,33(12):106-107.

[54] KUCHTA J M,ROWE V R,BURGESS D S.Spontaneous combustion susceptibility of US coals[R].[S.l.:s.n.],1980:37-40.

[55] 徐精彩,文虎,郭兴明.应用自然发火实验研究煤的自燃倾向性指标[J].西安矿业学院学报,1997,17(2):103-107.

[56] DAVIS J D,BYRNE J F.An adiabatic method for studying spontaneous heating of coal1[J].Journal of the American ceramic society,1924,7(11):809-816.

[57] BEAMISH B B,BARAKAT M A,ST. GEORGE J D. Spontaneous-combustion propensity of New Zealand coals under adiabatic conditions[J].International journal of coal geology,2001,45(2/3):217-224.

[58] SCHMAL D,DUYZER J H,VAN HEUVEN J W.A model for the spontaneous heating of coal[J].Fuel,1985,64(7):963-972.

［59］ CHEN X D.On the mathematical modeling of the transient process of spontaneous heating in a moist coal stockpile［J］.Combustion and flame,1992,90(2):114-120.

［60］ 杨世铭,陶文铨.传热学［M］.3 版.北京:高等教育出版社,1998.

［61］ 全国煤炭标准化技术委员会.煤层煤样采取方法:GB/T 482—2008［S］.北京:中国标准出版社,2009.

［62］ 邓军,徐精彩,张迎弟,等.煤最短自然发火期实验及数值分析［J］.煤炭学报,1999,24(3):274-278.

［63］ GARCIA P,HALL P J,MONDRAGON F.The use of differential scanning calorimetry to identify coals susceptible to spontaneous combustion［J］.Thermochimica acta,1999,336(1/2):41-46.

［64］ SUJANTI W,ZHANG D K,CHEN X D.Low-temperature oxidation of coal studied using wire-mesh reactors with both steady-state and transient methods［J］.Combustion and flame,1999,117(3):646-651.

［65］ XIN H,TIAN W,ZHOU B,et al.Characteristics of CO,CO_2 generation and reactive group conversion in isothermal smoldering combustion of coal［J］.Fuel,2023,332:126175.

［66］ 刘桂玉,刘志刚,阴建民.工程热力学［M］.北京:高等教育出版社,1998.

［67］ 陈培榕,邓勃.现代仪器分析实验与技术［M］.北京:清华大学出版社,1999.

［68］ 戴广龙.煤低温氧化及自燃特性的综合实验研究［D］.徐州:中国矿业大学,2005.

［69］ 董庆年,陈学艺,靳国强,等.红外发射光谱法原位研究褐煤的低温氧化过程［J］.燃料化学学报,1997,25(4):333-338.

［70］ 冯杰,李文英,谢克昌.傅立叶红外光谱法对煤结构的研究［J］.中国矿业大学学报,2002,31(5):362-366.

［71］ 张国枢,谢应明,顾建明.煤炭自燃微观结构变化的红外光谱分析［J］.煤炭学报,2003,28(5):473-476.

［72］ 张代钧,鲜学福.煤大分子中官能团的红外光谱分析［J］.重庆大学学报(自然科学版),1990,13(5):63-67.

［73］ 张玉贵,唐修义,何萍.煤的分子结构与煤的自燃倾向性［J］.煤矿安全,1992,23(5):1-4.

［74］ 罗海珠,梁运涛.煤自然发火预测预报技术的现状与展望［J］.中国安全科学学报,2003,13(3):76-78.

［75］ 何萍,王飞宇,唐修义,等.煤氧化过程中气体的形成特征与煤自燃指标气体选择［J］.煤炭学报,1994,19(6):635-643.

［76］ 严荣林,钱国胤.煤的分子结构与煤氧化自燃的气体产物［J］.煤炭学报,1995,20(增刊):58-64.

［77］ 葛岭梅,薛韩玲,徐精彩,等.对煤分子中活性基团氧化机理的分析［J］.煤炭转化,2001,24(3):23-28.

［78］ 葛岭梅,李建伟.神府煤低温氧化过程中官能团结构演变［J］.西安科技学院学报,2003,23(2):187-190.

[79] 何思骐,刘西蓉.煤的结构参数随温度变化的规律[J].重庆大学学报(自然科学版),1988,11(2):108-112.

[80] 戴中蜀,郑昀辉.低煤化度煤经低温热解后各基团变化的研究[J].煤炭转化,1997,20(1):54-58.

[81] 舒新前,王祖讷,徐精求,等.神府煤煤岩组分的结构特征及其差异[J].燃料化学学报,1996,24(5):426-433.

[82] 何启林,任克斌,王德明.用红外光谱技术研究煤的低温氧化规律[J].煤炭工程,2003,35(11):45-48.

[83] 刘国根,邱冠周,胡岳华.煤的红外光谱研究[J].中南工业大学学报,1999(4):371-373.

[84] MARTIN K A,CHAO S S.Structural group analysis of Argonne premium coals by FTIR spectroscopy[J].Preprint am chem soc div fuel chem,1988,33(3):17-25.

[85] 徐精彩,薛韩玲,邓军,等.Investigation into the surface active groups of coal[J].煤炭学报(英文版),2001,7(1):88-96.

[86] 朱素渝,李凡,李香兰,等.用核磁共振和红外光谱构造煤抽提物的结构模型[J].燃料化学学报,1994,22(4):427-433.

[87] 陈允魁.红外吸收光谱法及其应用[M].上海:上海交通大学出版社,1993.

[88] 朱学栋,朱子彬,张成芳,等.煤的热解研究Ⅳ.官能团热解模型[J].华东理工大学学报,2001,27(2):113-116.

[89] 赵瑶兴,孙祥玉.光谱解析与有机结构鉴定[M].合肥:中国科学技术大学出版社,1992.

[90] 中西香尔,索罗曼.红外光谱分析100例[M].王绪明,译.北京:科学出版社,1984:9-29.

[91] 张代钧,鲜学福,谭学术.镜煤红外光谱分析[J].山东矿业学院学报,1990,9(3):233-240.

[92] HUANG R L,GOH S H,ONG S H.自由基化学[M].穆光照,甘礼雅,陈敏为,译.上海:上海科学技术出版社,1983.

[93] 穆光照.自由基反应[M].北京:高等教育出版社,1985.

[94] ДРХИМН,КАМНЕВА А И.Омеханиэме самовоэгорания твер-ых горючих ископаемых[M].[S.l.:s.n.],1986.

[95] 夏少武.活化能及其计算[M].北京:高等教育出版社,1993.

[96] 鲁崇贤,杜洪光.有机化学[M].北京:科学出版社,2003.

[97] NUGROHO Y S,MCINTOSH A C,GIBBS B M.Low-temperature oxidation of single and blended coals[J].Fuel,2000,79(15):1951-1961.

[98] STOTT J B,DONG C X.Measuring the tendency of coal to fire spontaneously[J].Colliery guardian,1992,240(1):9-16.

[99] WANG H,DLUGOGORSKI B Z,KENNEDY E M.Analysis of the mechanism of the low-temperature oxidation of coal[J].Combustion and flame,2003,134(1/2):107-117.

[100] 文虎,徐精彩,葛岭梅,等.煤低温自燃发火的热效应及热平衡测算法[J].湘潭矿业学院学报,2001,16(4):1-4.

[101] 徐精彩,许满贵,文虎,等.煤氧复合速率变化规律研究[J].煤炭转化,2000,23(3):63-66.